U0379629

高等职业教育机电类专业系列教材
21世纪高职高专系列教材（电工电子类）

传感器技术及应用

主　编　陈文涛
副主编　张红梅　王　辉　赵　乾
参　编　王　伟　王俊娜　李景魁
　　　　马玉清　赵硕伟　杨振元

机械工业出版社

本书主要内容包括检测技术的基础知识，电阻式、电容式、电感式、压电式、热电偶式、霍尔式、光电式、数字式以及新型的各种常用传感器等的工作原理、结构与应用。全书以传感器技术应用作为重点，将传感器元件、传感信号的处理和分析嵌入到实例中进行讲解，将理论和实践融为一体，力求通俗易懂。书中还适当插入一些传感器实物照片，提高了内容的直观性。为了提高学生的动手能力，书中配有大量的传感器实训项目，并增加了传感器小制作内容。

本书可作为高等职业电气自动化技术、机电一体化技术、生产过程自动化技术、检测技术及应用、电子信息工程技术等专业的教材，也可作为成人教育、职业培训及工程技术人员的参考用书。

为方便教学，本书配备电子课件等教学资源。凡选用本书作为教材的教师均可登录机械工业出版社教材服务网www.cmpedu.com 注册后免费下载。如有问题请致电 010-88379375。

图书在版编目（CIP）数据

传感器技术及应用/陈文涛主编. —北京：机械工业出版社，2013.6 (2021.1 重印)

高等职业教育机电类专业系列教材 21 世纪高职高专系列教材（电工电子类）

ISBN 978-7-111-42947-0

Ⅰ.①传… Ⅱ.①陈… Ⅲ.①传感器-高等职业教育-教材 Ⅳ.① TP212

中国版本图书馆 CIP 数据核字（2013）第 138215 号

机械工业出版社（北京市百万庄大街22 号 邮政编码100037）
策划编辑：余茂祚 责任编辑：崔占军 邹云鹏
版式设计：霍永明 责任校对：张莉娟
封面设计：赵颖喆 责任印制：常天培
涿州市般润文化传播有限公司印刷
2021 年1 月第1 版·第5 次印刷
184mm×260mm·12.5 印张·304 千字
标准书号：ISBN 978-7-111-42947-0
定价：28.00 元

电话服务　　　　　　　　　网络服务
客服电话：010-88361066　　机　工　官　网：www.cmpbook.com
　　　　　010-88379833　　机　工　官　博：weibo.com/cmp1952
　　　　　010-68326294　　金　书　网：www.golden-book.com
封底无防伪标均为盗版　机工教育服务网：www.cmpedu.com

21世纪高职高专系列教材
编委会名单

编委会主任　王文斌

编委会副主任（按姓氏笔画为序）

王建明	王明耀	王胜利	王寅仓	王锡铭
刘　义	刘晶磷	刘锡奇	杜建根	李向东
李兴旺	李居参	李麟书	杨国祥	余党军
张建华	茆有柏	赵居礼	秦建华	唐汝元
谈向群	符宁平	蒋国良	薛世山	

编委会委员（按姓氏笔画为序，黑体字为常务编委）

王若明	**田建敏**	成运花	曲昭仲	朱　强
刘　莹	刘学应	孙　刚	许　展	**严安云**
李学锋	李选芒	**李超群**	**杨　飒**	**杨群祥**
杨翠明	吴　锐	何志祥	何宝文	佘元冠
沈国良	张　波	**张　锋**	张福臣	陈月波
陈向平	陈江伟	武友德	郑晓峰	林　钢
周国良	赵建武	**俞庆生**	晏初宏	倪依纯
徐炳亭	**徐铮颖**	韩学军	崔　平	崔景茂
焦　斌	**戴建坤**			

前　言

本书分为12章。第1章介绍检测技术基本知识、传感器的一般特性、分析方法；第2~10章，介绍常见的、应用广泛的以及新型传感器，如电阻式、电容式、电感式、压电式、压阻式、热电偶式、霍尔式、光电式、数字式、光纤传感器等的原理及应用；第11章传感器信号处理及微机接口技术介绍测量信号的预处理、传感器与微机接口技术及抗干扰技术。第12章介绍了几种实用的传感器小制作。

本书以传感器技术应用为主线，简化公式推导，突出实用性、技能性。重点讲述各种传感器在实际生产中的应用，书中配有大量的传感器实训项目，学校可以根据自己的实训条件进行选取；增加了传感器小制作项目章节，以锻炼学生的动手能力。

本书由新疆轻工职业技术学院张红梅（第1、12章）、杨振元（第2章）、王俊娜（第3章）、王伟（第4章）、赵硕伟（第5章）、赵乾（第6、11章）、陈文涛（第9章）、安徽工商职业学院马玉清（第7章）、无锡商业职业技术学院机电工程系李景魁（第8章）、新疆机电职业技术学院王辉（第10章）编写。陈文涛担任主编，负责统编全稿。

新疆轻工职业技术学院郭江教授认真审阅了本教材，并提出许多建设性意见，特此致谢。

由于编者水平有限，经验不足，书中难免存在错误与不当之处，恳请广大读者予以批评指正。

编　者

目　　录

第1章 检测技术基本知识

1.1 传感器基本知识

1.1.1 传感器的定义

传感器是一种以一定的精确度能够感受规定的被测量信息，同时又能够将感受到的被测量信息按照一定的规律转换为与之有确定对应关系的、便于应用的某种物理量的测量器件或装置。传感器又称为变换器、换能器、变送器、发送器与探测器等。

传感器是将非电量转化成电量并进行输出的装置。它位于测试系统的最前端，是测量装置，能完成信号获取的任务，以一定的精确度使输入与输出呈对应关系。

传感器的输入量是某一被测量，可能是物理量，也可能是化学量、生物量等。传感器的输出量可以是光、气、电量，但通常是电信号，因为电量便于传输、转换、处理以及显示等。

1.1.2 传感器的组成

传感器的组成按其定义一般由敏感元件、转换元件、信号调理转换电路三部分组成，有时还需外加辅助电源提供转换能量，如图1-1所示。

敏感元件是直接感受被测量，并且将感受到的被测量转换为与被测量有确定关系的某一物理量的元件。如果敏感元件能够直接输出电量，则它同时也是转换元件，比如热电偶感受被测温差时，能直接输出电动势。

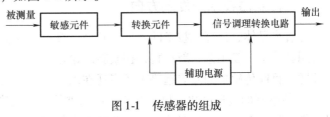

图 1-1 传感器的组成

转换元件的作用就是将敏感元件送出的非电量转化成适合于传输或测量的电信号。

由于传感器输出信号一般都很微弱，因此传感器在除敏感元件，转换元件两大组成部分之外，还必须加入信号调理转换电路，将输出的信号进行调理、转换、放大、运算与调制之后才能进行显示和参与控制。另外，还应有辅助电源，以供传感器和转换电路工作。

随着半导体器件与集成技术在传感器中应用的深入，传感器的各个组成部分可以集成在同一芯片上构成传感器模块和集成电路传感器，如集成温度传感器AD590、DS18B20等。

1.1.3 传感器分类

传感器的种类繁多。往往同一种被测量可以用不同类型的传感器来测量，如压力可用电容式、电阻式、光纤式等传感器来测量；而同一原理的传感器又可测量多种物理量，如电阻式传感器可以测量位移、温度、压力及加速度等。因此，传感器有许多分类方法。常用的分类方法有：

1. **按被测参数分类**

机械量：位移、力、力矩、转矩、速度、加速度、振动、噪声等。

热工量：温度、热量、流量、风速、压力、液位等。

物性参数：浓度、粘度、密度、酸碱度等。

状态参量：裂纹、缺陷、泄露、磨损、表面质量等。

2. **按传感器的工作原理分类**　按传感器的工作原理可分为按应变原理工作式、按电容原理工作式、按压电原理工作式、按磁电原理工作式、按光电效应原理工作式等，相应的有应变式传感器、电容式传感器、压电式传感器、磁电式传感器、光电式传感器等。现有的传感器的测量原理都是基于物理、化学和生物等各种效应和定律，这种分类方法便于从原理上认识输入与输出之间的变换关系，有利于专业人员从原理、设计及应用上作归纳性的分析与研究。

3. **按信号变换特性分类**　结构型：主要通过传感器结构参量的变化实现信号变换的，例如，电容式传感器依靠极板间距离的变化引起电容量的改变。物性型：利用敏感元件材料本身物理性质的变化来实现信号变换，例如，水银温度计是利用水银的热胀冷缩现象测量温度，压电式传感器利用石英晶体的压电效应实现测量等。

4. **按能量关系分类**　能量转换型：传感器直接由被测对象输入能量使其工作。例如热电偶、光电池等，这种类型传感器也称为有源传感器。能量控制型：传感器从外部获得能量使其工作，由被测量的变化控制外部供给的能量的变化。例如电阻式、电感式等传感器，这种类型的传感器必须由外部提供激励源（电源等），因此也称为无源传感器。

1.1.4　传感器技术的发展方向

随着半导体、计算机技术的发展，新型、具有特殊功能的传感器不断涌现出来。所以如何采用新技术、新工艺、新材料，探索新理论以达到高质量的转换效能，是传感器发展的重要课题。目前传感器的发展趋势主要表现在以下几个方面：

1. **传感器的高精度化**　提高与改善传感器的测量精度、量程范围、可靠性等技术性能。寻找新原理、新材料、新工艺，应用新技术和新的物理效应，扩大检测领域。不断开发传感器的新型敏感元件材料和采用新的加工工艺，提高仪器的性能、可靠性，扩大应用范围，使测试仪器向高精度和多功能方向发展。

2. **传感器的智能化**　传统的传感器只能解决简单的问题，已远远不能适应现代社会信息技术的发展趋势。现代传感器自带微机处理系统，不但具有信息存储和处理功能，而且还具有思考与判断能力，成为微机和传感器的一体化器件，这就是传感器的智能化。

3. **传感器的集成化**　传统的传感器由于体积大，已不能满足现代控制系统的需要，传感器被要求向小型、微型方向发展。集成技术使传感器得以实现这个目标。不断发展的微电子技术、微型计算机技术、现场总线技术与仪器仪表和传感器相结合，作为多功能融合技术架构成智能化测试系统，使传感器集成化水平进一步提高。

4. **传感器的多功能化**　传统的传感器通常只能检测一种物理量，已不能满足现代检测系统同时检测众多物理量的要求。将多种传感器适当组合于一身，可以同时检测各种物理量。

5. 传感器的网络化和微型化　随着现场总线技术在测控领域的广泛应用和测控网与信息网融合的强烈应用需求，传感器的网络化得以快速发展。微传感器利用集成电路工艺和微组装工艺，基于各种物理效应将机械、电子元器件集成在一个基片上。与宏传感器相比，微传感器的结构、材料、物性乃至所依据的物理作用原理均可能发生变化。

1.1.5　传感器的基本特性

传感器输出输入之间的关系特性是传感器的基本特性。基本特性又分为静态特性和动态特性。所谓静态特性，是指静态信号作用下的输出输入关系特性，而所谓动态特性，是指动态信号作用下的输出输入关系特性。这里主要介绍传感器静态特性中的几个用于衡量传感器基本特性优劣的重要性能指标：线性度、灵敏度、迟滞、重复性、分辨力与稳定性。

1. 线性度　线性度是指传感器输出量与输入量之间的实际关系曲线偏离拟合直线的程度。定义为在全量程范围内实际特性曲线与拟合直线之间的最大偏差值 Δm 与满量程输出值 y_m 之比，其中 y' 为拟合直线，y 为实际特性曲线，如图 1-2 所示。线性度也称为非线性误差，用 E_f 表示为

$$E_f = \frac{\Delta m}{y_m} \times 100\% \qquad (1\text{-}1)$$

$$\Delta m = |y' - y|_{max}$$

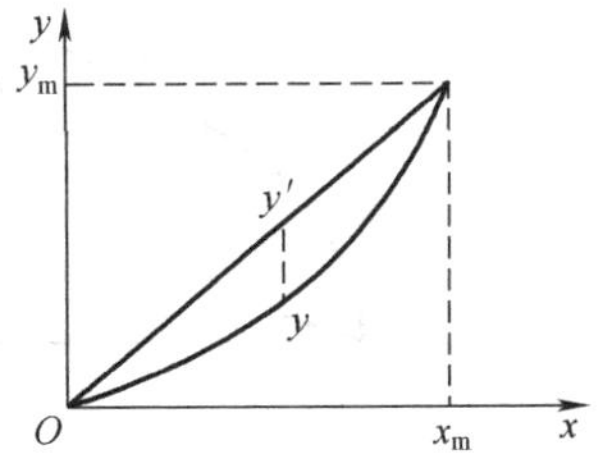

2. 灵敏度　灵敏度是指在稳态下输出量变化 Δy 和引起此变化的输入量变化 Δx 的比值，用 s 来表示，即

图 1-2　传感器线性度示意图

$$s = \frac{\Delta y}{\Delta x} \quad 或 \quad s = \frac{dy}{dx} \qquad (1\text{-}2)$$

对于线性传感器，它的灵敏度就是它的斜率；非线性传感器的灵敏度为一变量。很明显曲线越陡峭，灵敏度越大；越平坦，则灵敏度越小。灵敏度实质上是一个放大倍数，它体现了传感器将被测量的微小变化放大为显著变化的输出信号的能力，即传感器对输入变量微小变化的敏感程度。通常用拟合直线的斜率表示系统的平均灵敏度。一般希望传感器的灵敏度高，并且在满量程的范围内是恒定的，即输入输出特性为直线。但要注意灵敏度越高，越容易受外界干扰的影响，系统的稳定性就越差。

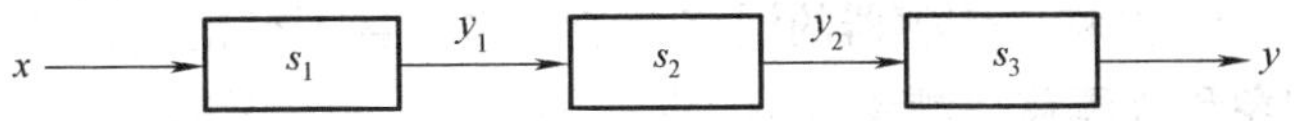

图 1-3　传感器系统

若测量系统是由灵敏度分别为 s_1、s_2、s_3 等多个独立环节组成时，如图 1-3 所示，传感器系统的总灵敏度 s 为

$$s = s_1 s_2 s_3 \qquad \Delta y = s_1 s_2 s_3 \Delta x = s\Delta x \qquad (1\text{-}3)$$

式（1-3）表示总灵敏度等于各个环节灵敏度的乘积。灵敏度数值大，表示相同的输入改变量引起输出变化量大，则传感器系统的灵敏度高。

3. 迟滞　迟滞特性表明检测系统在正向（输入增大）和反向（输入减少）行程期间，输入输出特性曲线不一致的程度，如图 1-4 所示，y' 表示正向特性直线，y 表示反向特性曲线。也就是说在相同工作条件下，对于同一大小的输入信号，传感器的正向行程和反向行程输出信号大小不等。产生这种现象的主要原因在于传感器自身敏感元件材料的物理特性及传感器机械系统的缺陷。迟滞大小一般由试验方法确定，可用正反向行程间最大偏差 Δm 与满

量程输出值 y_m 百分比 E_t 表示：

$$E_t = \frac{\Delta m}{y_m} \times 100\%$$ (1-4)

$$\Delta m = |y' - y|_{max}$$

4. 重复性　重复性是指传感器在输入量按同一方向作全量程连续多次变化时，所得特性曲线不一致的程度，如图 1-5 所示。不一致产生的原因与迟滞相同。在相同工作条件下，多次测试的特性曲线越重合，说明重复性越好，误差越小。重复性可用正反两个行程的两个最大重复性偏差 ΔR_{max1} 与 ΔR_{max2} 中较大的值 R_{max} 对满量程输出值 Y_{FS} 的百分比 E_R 表示：

$$E_R = \pm \frac{1}{2} \cdot \frac{R_{max}}{Y_{FS}} \times 100\%$$ (1-5)

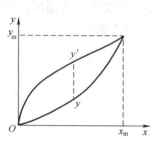

图1-4　传感器迟滞示意图

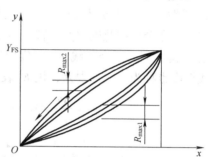

图1-5　传感器重复性示意图

5. 分辨率　分辨率指传感器在规定测量范围内能够精确检测到被测量的最小输入信号增量。分辨率可以用增量的绝对值或增量与满量程的百分比来表示。灵敏度越高，分辨率越好。

分辨率从输出方面看有一定的模糊性，通常认为模拟式仪表分辨率规定为最小刻度分格值的一半。数字式仪表分辨率规定为最后一位的一个字。

6. 漂移　传感器的漂移是指在输入量不变的情况下，传感器输出量随着时间变化，此现象称为漂移。漂移将影响传感器的稳定性。产生漂移的原因有两个方面：一是传感器元件自身发生老化，如零点漂移（简称零漂），它是在规定条件下，一个恒定的输入在规定时间内的输出在标称范围最低值（即零点）的变化；二是在测试过程中周围环境（如温度、湿度等）发生变化。最常见的漂移是温度漂移，即周围环境温度变化而引起输出量的变化，温度漂移主要表现为温度零点漂移和温度灵敏度漂移。

1.2　测量误差的分析与处理

1.2.1　测量的概念

测量过程实际上是一个比较过程，就是将被测量与同种性质的标准量进行比较，从而获得被测量大小的过程。所以，测量也就是以确定被测量的大小或取得测量结果为目的的一系列操作过程。它可由下式表示：

$$y = mx \tag{1-6}$$

式中　x——被测量值（m）；

　　　y——标准量，即测量单位（m）；

　　　m——比值（纯数），含有测量误差。

测量可分为狭义测量和广义测量两种。简单的比较过程称为狭义测量，而能对被测量完成检出、变换、分析、处理显示和控制的综合过程，则称为广义测量。

测量结果一般表现为一定的数值、相应的曲线或某种形式的图像与现象，但作为定量测量的结果应包括数值大小和单位名称这两方面的内容。准确地讲，测量结果还应包括误差部分。

1.2.2　测量的方法

将被测量与标准量进行比较得出比值的方法，称为测量方法。针对不同测量任务进行具体分析以找出切实可行的测量方法，对测量工作十分重要。测量方法从不同的角度有不同的分类。

1. 根据测量过程的特点可分为直接测量、间接测量和组合测量

1）直接测量是在使用仪表或传感器进行测量时，测得值直接与标准量进行比较，不需要经过任何运算，直接得到被测量的数值的测量方法。如用磁电式电流表测量电路的某一支路电流，用弹簧压力表测量压力，用电压表测量某一元件的电压就属于直接测量。直接测量的优点是测量过程简单而快速，缺点是测量精度一般不是很高。

2）间接测量是指在使用仪表或传感器进行测量时，先对与被测量有确定函数关系的几个量进行直接测量，然后再将直接测得的数值代入函数关系式，经过计算得到所需要结果的测量方法。如要测量一个三角形的面积，必须先测量出一条边长，再测量出对应的高，然后利用公式计算出三角形的面积。显然，间接测量比较复杂，花费时间较长，一般用在直接测量不方便，或者缺乏直接测量手段的场合。其测量精度一般要比直接测量高。

3）组合测量是指在一个测量过程中同时采用直接测量和间接测量两种方法进行测量的测量方法。被测量要经过解联立方程组，才能得到最后的结果。组合测量是一种特殊的精密测量方法，测量过程长而且复杂，多适用于科学试验或一些特殊场合。

2. 根据获得测量结果的方式可分为偏差式测量、零位式测量与微差式测量

1）偏差式测量是指用仪表指针的位移（即偏差）决定被测量的量值的测量方法。其特点是表内没有标准量具（如单位电流、单位电阻），只有经标准量具校准过的刻度盘。比较是将被测量与刻度盘比较，所以其精度低。用偏差式测量过程的优点是简单、迅速，但其测量结果的精度较低。

2）零位式测量是指用指零仪表的零位反映测量系统的平衡状态，在测量系统平衡时，用已知的标准量 U_k 决定被测量的量值 U_x 的测量方法。例如天平测量物体的质量、电位差计测量电压等都属于零位式测量。其特点是实测量装置中有标准量具（如天平的砝码、电桥的标准电阻），测量过程是将被测量与标准量具比较，在平衡或指针指零时，读取标准量具的大小。零位式测量的优点是可以获得比较高的测量精度，但测量过程长而且复杂，所以不适用于测量快速变化的信号。见图 1-6。

3）微差式测量是综合了偏差式测量与零位式测量的优点的一种测量方法。它是将被测

量与已知的标准量进行比较得到差值后，再用偏差法测得该差值。用这种方法测量时，不需要调整标准量，而只需测量两者的差值。并且由于标准量误差很小，因此总的测量精度仍然很高。反应快、测量精度高是微差式测量的主要优点，特别适用于在线控制参数的测量。

　　测量前先把被测量 U 调到基准数值大小，调节已知标准量使二者相等，读取被测值的基准大小 U_0，如图 1-7 所示。测量中只读取被测值的微小变化 ΔU，计算得测量结果为

$$U = U_0 + \Delta U \tag{1-7}$$

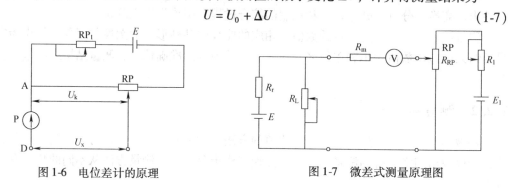

图 1-6　电位差计的原理　　　　　　　　图 1-7　微差式测量原理图

　　3. 根据测量精度因素条件不同可分为等精度测量与不等精度测量

　　1）等精度测量是指在整个测量过程中，如果影响和决定误差大小的全部因素（条件）始终保持不变，比如由同一个测量者，用同一台仪器、同样的测量方法，在相同的环境条件下，对同一被测量进行多次重复测量的测量方法。当然，在实际中极难做到影响和决定误差大小的全部因素（条件）始终保持不变，因此一般情况下只能是近似认为是等精度测量。

　　2）不等精度测量是指有时在高精度测量中，在不同的测量环境条件下，用不同精度的仪表、不同的测量方法、不同的测量次数，以及不同的测量者进行测量和对比的测量方法。

　　4. 根据测量对象的变化特点可分为静态测量与动态测量

　　1）静态测量是指被测对象的大小不随时间变化而变化，处于稳定状态下进行的测量方法，称为静态测量。

　　2）动态测量是指被测对象的大小在测量过程中是随时间不断变化的，处于非稳定状态下进行的测量方法，称为动态测量。

　　5. 根据测量敏感元件是否与被测介质接触可分为接触式测量与非接触式测量

　　1）接触测量是指传感器直接与被测对象接触，感受被测量的变化，从而获取信号，并测量出其大小的方法。

　　2）非接触测量是指传感器不直接与被测对象接触，而是间接感受被测量的变化，从而获取信号，并测量出其大小的方法。

1.2.3　测量误差的分类

　　为了便于分析与处理误差，按照其特点与性质，可将误差分为系统误差、随机误差和粗大误差三大类。

　　1. 系统误差　在相同条件下，对同一被测量进行多次重复测量时，出现某种保持恒定或按一定规律变化着的误差称为系统误差。引起系统误差的原因主要在检测系统的内部：一是仪器本身的精度不够；二是使用测量仪器方法不当；三是测量原理不完善；四是检测系统

所处的环境不理想。系统误差根据其变化规律又可分为已定系统误差（误差大小和符号已定）和未定系统误差（误差的大小和符号未定，但可以估计其范围）。其中在此类误差中，已定系统误差可以通过修正来消除，且应当消除此类误差。系统误差按误差的规律可分为不变系统误差（误差大小和方向为固定值）和变化系统误差（误差大小和方向为变化的）。其中，变化系统误差按其变化规律又可分为线性系统误差、周期性系统误差和复杂规律系统误差等。系统误差是恒定的或是有规律可循的，因此在认真分析产生系统误差原因的基础上通过试验方法或引入修正值加以消除，可以使测量结果能尽量接近真值，进而提高测量结果的精度。

2. 随机误差 在相同条件下，对同一被测量进行多次重复测量时，受偶然因素的影响而出现误差的绝对值和符号以不可预知的方式变化着，则此类误差称为随机误差。引起随机误差的原因都是一些微小的因素，只能用概率论和数理统计的方法计算它出现可能性的大小。随机误差不可修正，但在了解其统计规律性之后，可以控制和减少它们对测量结果的影响。随机误差能够反映测量结果的分散程度，通常称为精密度。随机误差越小，说明多次测量时的分散性越小，精密度要高。应当指出，一个精密的测量结果可能是不准确的，因为它包括有系统误差在内。一个既精密又准确的测量结果，才能比较全面地反映检测的质量。检测技术中，用精准度（简称精度，它从精密度和准确度中各取一个字）反映精密度和准确度的综合结果。准确度是系统误差大小的标志，准确度高意味着系统误差小；精密度是随即误差大小的标志，精密度高，意味着随机误差小。如图1-8所示的射击例子生动地反映了准确度、精密度和精确度三者的关系。

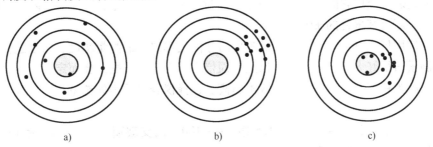

图1-8 准确度、精密度和精准度示意图

a）准确度高而精密度低 b）准确度低而精密度高 c）精确度高

3. 粗大误差 粗大误差是指明显偏离测量结果的误差，又称过失误差。引起粗大误差的根本原因主要是由测量人员操作失误、读数错误、记数错误而引起的，也完全没有规律。另外，当测量方法失当，测量条件突然发生变化时，也可能引起粗大误差。在分析测量结果时，应首先分析是否存在粗大误差。当发现有粗大误差的测量值时应及时去除，然后再对随机误差和系统误差进行分析。

此外，也可以根据产生误差的原因可以将误差分为：器具误差、方法误差、调整误差、观测误差、环境误差等。其中，调整误差和观测误差是人员误差。

1.2.4 测量误差的表示方法

测量误差可以表示为三种形式：

1. 绝对误差　绝对误差 δ 是指仪表的指示值 X 与被测量的真值 X_0 之间的差值，可用下式表示：

$$\delta = X - X_0 \tag{1-8}$$

δ 有单位、符号。绝对误差可以直接反映测量结果与真值之间的偏差值，但不可作为测量精度的指标。绝对误差也称为修正值，δ 越小，说明指示值越接近真值，测量精度越高。但它只适用于被测量数值相同的情况，而不能说明不同值的测量精度。例如，在两次测量电压时，绝对误差都是 $\delta = 0.2mV$，当测量值 X 为 1V 时，可以认为误差是很小的，精度很高的；当测量值 X 为 1mV 时，就不能认为误差还是很小，精度还是很高，而是要认为误差很大，精度很低。

2. 相对误差　相对误差 r 是指仪表指示值的绝对误差 δ 与被测量的真值 X_0 的比值，可用下式表示：

$$r = \frac{\delta}{X_0} \times 100\% = \frac{X - X_0}{X_0} \times 100\% = \frac{X - X_0}{X} \times 100\% \tag{1-9}$$

3. 引用误差　引用误差 r_0 是指绝对误差 δ 与仪表量程 L 的比值。

$$r_0 = \frac{\delta}{L} \times 100\% \qquad\qquad r_{0m} = \frac{\delta_m}{L} \times 100\% \tag{1-10}$$

r_{0m} 是最大引用误差，用它来决定仪表的精度等级。δ_m 为仪表的最大绝对误差。电工仪表精度等级规定取一系列标称值，分别称为 0.1、0.2、0.5、1.0、1.5、2.5 和 5.0 级。对于 0.1 级的仪表，使用它的最大引用误差不超过 ±0.1%，也就是整个量程内，它的绝对误差的最大值不超过其量程的 ±0.1%。

一般在使用仪表时，只有在接近满刻度时才能发挥仪表的测量精度，所以选仪表量程时要注意，测量值最好大于量程的 2/3 以上。而仪表精度等级依据需要而定，并不是精度等级越高越好，因为精度等级越高，造价成本越高。选择仪表步骤为先选量程，再选精度等级。

例 1-1

1）用精度 1.0 级、0~200℃ 和 1.5 级、0~100℃ 两支玻璃管温度计测量 0~80℃ 的温度，它的最大测量误差分别是多少。

2）若要求最大测量误差不超过 1.2℃，下列表中选哪台合适。

a）1.0 级、0~80℃　　　　　　b）1.0 级、0~100℃

c）1.5 级、0~100℃　　　　　　d）1.0 级、0~200℃

解：1）由 $r_{0m} = \frac{\delta_m}{L} \times 100\%$

$$\delta_{m1} = r_{0m1}L_1\% = 1.0 \times (200 - 0) \times 100\%℃ = 2℃$$
$$\delta_{m2} = r_{0m2}L_2\% = 1.5 \times (100 - 0) \times 100\%℃ = 1.5℃$$

2）要求 $\delta_m \leqslant 1.2℃$，选择仪表：先选量程，一般要求测量值大于量程的 2/3，所以选 0~100℃，b）、c）合适；

L：0~100℃，$\delta_m = 1.2℃$　则得出最大引用误差有

$$r_{0m} = \frac{\delta_m}{L} \times 100\% = \frac{1.2}{100 - 0} \times 100\% = 1.2\%$$

比较 b) 和 c)：1.0 < 1.2 < 1.5，选较高等级的，b) 为所选。

思考与练习

1-1　传感器的静态性能指标有哪些？各自的定义是什么？

1-2　传感器的分类有哪几种形式？

1-3　测量有几种分类方法？

1-4　测量误差按其性质可分为哪几种形式？

1-5　现有精度 0.5 级、量程 0~300V 和 1.5 级、量程 0~150V 的两个电压表，欲测量 120V 的电压，选用哪只电压表比较合理？

第2章 电阻式传感器

电阻式传感器种类很多,其基本原理是将被测信号的变化转换成电阻值的变化,因此被称为电阻式传感器。利用电阻式传感器可进行位移、形变、力、力矩、加速度、气体成分、温度及湿度等物理量的测量。由于各种电阻材料在受到被测量作用时转换成电阻参数变化的机理各不相同,因而在电阻式传感器中就形成了许多种类。本章主要介绍电阻应变片式传感器、气敏电阻传感器、湿敏电阻传感器、热电阻传感器和热敏电阻传感器。

2.1 电阻应变片式传感器

电阻应变片式传感器是一种电阻式传感器。将电阻应变片粘贴在各种弹性敏感元器件上,再加上相应的测量电路后就构成电阻应变片式传感器。这种传感器具有结构简单、使用方便、性能稳定可靠、易于自动化、多点同步测量、远距离测量和遥测等特点,并且测量的灵敏度、精度和速度都很高。利用电阻应变片式传感器可测量力、位移、加速度和形变等参数。

2.1.1 应变原理、结构及主要参数

导体或半导体材料在外界力的作用下产生机械形变时,其电阻值会相应地发生变化,这种现象称为应变效应。电阻应变片的工作原理就是基于应变效应。金属电阻丝,在其未受力时,假设其初始电阻值为

$$R = \rho \frac{L}{A} = \rho \frac{L}{\pi r^2} \tag{2-1}$$

式中 ρ ——电阻率($\Omega \cdot m$);

A ——电阻丝截面积(mm^2);

L ——电阻丝长度(m)。

当沿金属丝的长度方向增加均匀力时,式(2-1)中 ρ、L、r 都将发生变化,导致电阻值发生变化。电阻应变片的电阻应变。$\varepsilon_R = \Delta R/R$ 与电阻应变片的纵向应变的关系在很大范围内是线性的,即

$$\varepsilon_R = \frac{\Delta R}{R} = K\varepsilon_X \tag{2-2}$$

式中 $\Delta R/R$ ——电阻应变片的电阻应变;

K ——电阻丝的灵敏度。

电阻应变片的电阻变化范围很小,因此测量转换电路应当精确地测量出这些微小变化。

1. 电阻应变片的种类 根据电阻应变片所使用的材料不同,电阻应变片可分为金属电阻应变片和半导体应变片两大类。金属电阻应变片可分为金属丝式应变片、金属箔式应变片、金属薄膜式应变片;半导体应变片可分为体型半导体应变片、扩散型半导体应变片、薄

膜型半导体应变片、PN 结元件等。其中最常用的是金属箔式应变片、金属丝式应变片和半导体应变片。

应变片的核心部分是敏感栅，它粘贴在绝缘的基片上，在基片上再粘贴起保护作用的覆盖层，两端焊接引出导线，如图 2-1 所示。

金属电阻应变片的敏感栅有丝式和箔式两种形式。丝式金属电阻应变片的敏感栅由直径为 0.01 ~ 0.05mm 的电阻丝平行排列而成。箔式金属电阻应变片是利用光刻、腐蚀等工艺制成的一种很薄的金属箔栅，其厚度一般为 0.003 ~ 0.01mm，可制成各种形状的敏感栅（如应变花），其优点是表面积和截面积之比大，散热性能好，允许通过的电流较大，可制成各种所需的形状，便于批量生产。覆盖层与基片将敏感栅紧密地粘贴在中间，对敏感栅起几何形状固定和绝缘、保护作用。基片要将被测体的应变准确地传递到敏感栅上，因此它很薄，一般为 0.03

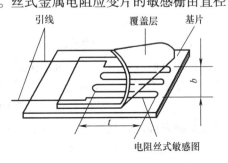

图 2-1　金属电阻应变片的结构

~0.06mm，使它与被测体及敏感栅能牢固地粘合在一起，此外它还具有良好的绝缘性能、抗潮性能和耐热性能。基片和覆盖层的材料有胶膜、纸、玻璃纤维布等。图 2-2 所示为几种常用应变片的基本形式。

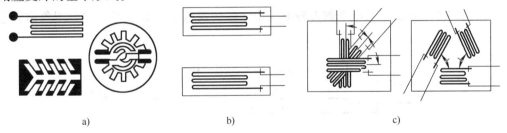

图 2-2　几种常用应变片的基本形式

a）箔式应变片　b）电阻式应变片　c）丝式应变片

2. 电阻应变片的材料　对电阻丝材料的基本要求如下：

1）灵敏系数应在尽可能大的应变范围内保持为常数，即电阻变化与应变呈线性关系。

2）电阻率 ρ 值要大，即在同样长度、同样横截面积的电阻丝中具有较大的电阻值。

3）具有足够的热稳定性，电阻温度系数小，有良好的耐高温抗氧化性能。

4）与铜线的焊接性能好，与其他金属的接触电动势小。

5）机械强度高，具有优良的机械加工性能。

制造应变片敏感元件的材料主要有铜镍合金、镍铬合金、铁铬铝合金、铁镍铬合金和贵金属等。目前应用最广泛的应变丝材料是康铜（含镍占 45%，铜占 55%）。这是由于它有很多优点：①灵敏系数稳定性好，不但在弹性变形范围内能保持为常数，进入塑性变形范围内也基本上能保持为常数；②电阻温度系数较小且稳定，当采用合适的热处理工艺时，可使电阻温度系数在 $\pm 50 \times 10^{-6}/℃$ 的范围内；③加工性能好，易于焊接。

3. 电阻应变片的性能参数　电阻应变片的性能参数很多，可以参考相关资料和技术手册。下面介绍几个主要的参数。

（1）灵敏度系数　　灵敏度系数的定义：将应变片粘贴于单向应力作用下的试件表面，并使敏感栅纵向轴线与应力方向一致时，应变片电阻值的相对变化量 $\Delta R/R$ 与沿应力方向的应变 ε 之比，即

$$K = \frac{\dfrac{\Delta R}{R}}{\varepsilon}$$

式中，ε 为应变片的轴向应变。应当指出：应变片的灵敏系数 K 并不等于其敏感栅整长应变丝的灵敏度系数 K_0，一般情况下，$K < K_0$，这是因为，在单向应力产生应变时，K 除受到敏感栅结构形状、成型工艺、粘结剂和基底性能的影响外，还尤其受到敏感栅端接圆弧部分横向效应的影响。应变片的灵敏系数直接关系到应变测量的精度。K 值通常在规定条件下通过实测来确定，其规定条件为：试件材料取泊松比 $\mu_0 = 0.285$ 的钢材；试件单向受力；应变片轴向与主应力方向一致。

（2）横向效应　　当将图 2-3 所示的应变片粘贴在被测试件上时，由于其敏感栅是由 N 条长度为 l_1 的直线段和直线段端部的 $N-1$ 个半径为 r 的半圆圆弧或直线组成，若该应变片承受轴向应力而产生纵向拉应变 ε_x 时，则各直线段的电阻将增加，但在半圆弧段则受到从 $+\varepsilon_x$ 到 $+\mu\varepsilon_x$ 之间变化的应变，其电阻的变化将小于沿轴向安放的同样长度电阻丝电阻的变化。所以将直的电阻丝绕成敏感栅后，虽然长度不变，应变状态相同，但由于应变片敏感栅的电阻变化减小，因而其灵敏系数 K 较整长电阻丝的灵敏系数 K_0 要小，这种现象称为应变片的横向效应。

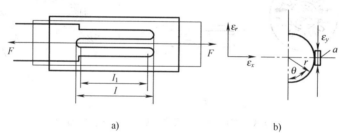

图 2-3　应变片轴向受力及横向效应
a）应变片及轴向受力图　b）应变片的横向效应图

为了减小横向效应产生的测量误差，现在一般多采用箔式应变片。

（3）应变片的电阻值 R_0　　应变片未粘贴时，在室温下所测得的电阻值，称为应变片的电阻值 R_0。一般情况下，R_0 越大，允许的工作电压也越大，有利于灵敏度的提高。R_0 的大小常用的有 60Ω、120Ω、250Ω、350Ω、1000Ω 等，其中以 120Ω 最为常用。

（4）绝缘电阻值　　应变片绝缘电阻是指已粘贴的应变片的敏感栅以及引出线与被测件之间的电阻值。绝缘电阻越大越好，通常要求绝缘电阻在 $50\sim100\mathrm{M}\Omega$ 以上。绝缘电阻下降将使测量系统的灵敏度降低，使应变片的指示应变产生误差。绝缘电阻的大小取决于粘结剂及基底材料的种类及固化工艺。在常温使用条件下要采取必要的防潮措施，而在中温或高温条件下，要注意选取电绝缘性能良好的粘结剂和基底材料。

（5）最大工作电流（允许电流）　　最大工作电流是指已安装的应变片允许通过敏感栅而

不影响其工作特性的最大电流 I_{max}。工作电流大，输出信号也大，灵敏度越高。但工作电流过大会使应变片过热，灵敏系数产生变化，零漂（零点漂移的简称）及蠕变增加，甚至烧毁应变片。工作电流的选取要根据试件的导热性能及敏感栅形状和尺寸来决定。通常静态测量时取 25mA 左右。动态测量或使用箔式应变片时可取 75 ~ 100mA。箔式应变片散热条件好，电流可取得更大一些。在测量塑料、玻璃、陶瓷等导热性差的材料时，电流可取得小一些。最大工作电流与应变片本身、试件、粘结剂以及环境等因素有关。

（6）应变极限　在温度一定时，应变片的指示应变值和真实应变的相对误差不超过 10% 的范围内，应变片所能达到的最大应变值称为应变极限。

（7）应变片的机械滞后　在温度保持不变的情况下，对粘贴有应变片的试件进行循环加载和卸载，应变片对同一机械应变量的指示应变的最大差值称为应变片的机械滞后。为了减小机械滞后，测量前应该反复多次循环加载和卸载。

（8）蠕变　蠕变是指已经粘贴好的应变片，在温度一定时，指示值随时间变化的变化量。

（9）零漂　零漂指在温度一定无机械应变时，指示应变值随时间的变化量。

2.1.2　测量转换电路

由于机械应变一般都很小，要把微小应变引起的微小电阻变化测量出来，同时要把电阻相对变化 $\Delta R/R$ 转换为电压或电流的变化，就需要有专用测量电路用于测量由应变变化而引起的电阻变化，通常采用直流电桥或交流电桥。

电桥是由无源元件电阻 R（或电感 L、电容 C）组成的四端网络。它在测量电路中的作用是将组成电桥各桥臂的电阻 R（或 L、C）等参数的变化转换为电压或电流输出。若将组成桥臂的一个或几个电阻换成电阻应变片，就构成了应变测量电桥。

根据电桥供电电压的性质，测量电桥可以分为直流电桥和交流电桥；如果按照测量方式，测量电桥又可以分为平衡电桥和不平衡电桥。下面介绍直流电桥。

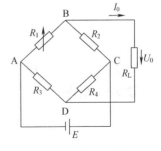

图 2-4　直流电桥

1. 直流电桥的平衡条件　直流电桥如图 2-4 所示。

E 为供电电源，R_1、R_2、R_3 及 R_4 为桥臂电阻，R_L 为负载电阻。

$$U_0 = E\left(\frac{R_1}{R_1 + R_2} - \frac{R_3}{R_3 + R_4}\right) \tag{2-3}$$

当电桥平衡时，$U_0 = 0$，则有

$$R_1 R_4 = R_2 R_3$$

或

$$\frac{R_1}{R_2} = \frac{R_3}{R_4}$$

这是直流电桥的平衡条件。显然，欲使电桥平衡，其相邻两臂电阻的比值应相等，或相对两臂电阻的乘积应相等。

2. 电压灵敏度　令 R_1 为电阻应变片，R_2、R_3 及 R_4 为电桥固定电阻，这就构成了单臂电桥。应变片工作时，其电阻值变化很小，电桥相应输出电压也很小，一般需要加入放大器放大。由于放大器的输入阻抗比桥路输出阻抗高很多,所以电桥输出近似开路情况。当产生应变时,若应变片电阻变化为 ΔR_1,其他桥臂固定不变,电桥输出电压 $U_0 \neq 0$,则电桥不平衡输出电压为

$$U_0 = E\left(\frac{R_1}{R_1 + \Delta R_1 + R_2} - \frac{R_3}{R_2 + R_4}\right) = E\frac{\Delta R_1 R_4}{(R_1 + \Delta R_1 + R_2)(R_3 + R_4)} \tag{2-4}$$

设桥臂比 $n = R_2/R_1$,通常 $\Delta R_1 \ll R_1$,忽略分母中的 $\Delta R_1/R_1$ 项,并考虑到电桥平衡条件 $R_2/R_1 = R_4/R_3$,则上式可写为

$$U_0 = E\frac{n}{(1+n)^2}\frac{\Delta R_1}{R_1}$$

电桥电压灵敏度定义为

$$K_U = \frac{U_0}{\dfrac{\Delta R_1}{R_1}} = E\frac{n}{(1+n)^2} \tag{2-5}$$

从式(2-5)可以看出:

1)电桥电压灵敏度正比于电桥供电电压 E,供电电压越高,电桥电压灵敏度越高,而供电电压的提高受到应变片允许功耗的限制,所以要作适当选择。

2)电桥电压灵敏度是桥臂电阻比值 n 的函数,恰当地选择桥臂比 n 的值,保证电桥具有较高的电压灵敏度。

令

$$\mathrm{d}K_U/\mathrm{d}n = 0$$

即

$$\frac{\mathrm{d}K_U}{\mathrm{d}n} = E\frac{(1-n)^2}{(1+n)^4} = 0 \tag{2-6}$$

可求得 $n = 1$ 时,K_U 有最大值。即在电桥电压确定后,当 $R_1 = R_2 = R_3 = R_4$ 时,电桥电压灵敏度 K_U 最高,即

$$U_0 = \frac{E}{4} \cdot \frac{\Delta R_1}{R_1} \tag{2-7}$$

$$K_{U\max} = \frac{E}{4} \tag{2-8}$$

可以看出,当电源电压 E 和电阻相对变化量 $\Delta R_1/R_1$ 一定时,电桥的输出电压及其灵敏度也是定值,并且与各桥臂电阻值大小无关。

2.1.3　温度误差及补偿

1. 应变片的温度误差　电阻应变片传感器是靠电阻值来度量应变的,所以希望它的电阻只随应变而变化,不受任何其他因素影响。实际上,虽然用作电阻丝材料的铜、康铜温度系数很小($\alpha = (2.5 \sim 5.0) \times 10^{-5}/℃$),但与所测应变电阻的变化比较,仍属同一量级。如不补偿,会引起很大误差。这种由于测量现场环境温度的变化而给测量带来的误差,称之为应变片的温度误差。造成温度误差的原因主要有下列两个方面:

(1)敏感栅的金属丝电阻本身随温度变化　电阻温度系数的影响:敏感栅的电阻丝阻值随温度变化的关系可用下式表示

$$R_t = R_0(1 + \alpha_0 \Delta t) \tag{2-9}$$

式中　R_t——温度为 t℃ 时的电阻值（Ω）；

R_0——温度为 t_0℃ 时的电阻值（Ω）；

α_0——温度为 t_0℃ 时金属丝的电阻温度系数；

Δt——温度变化值，$\Delta t = t - t_0$。

当温度变化 Δt 时，电阻丝电阻的变化值为

$$\Delta R_t = R_t - R_0 = R_0 \alpha_0 \Delta t \tag{2-10}$$

（2）试件材料与应变片材料的线膨胀系数不一致，使应变片产生附加变形，从而造成电阻变化。

设电阻丝和试件在温度为 0℃ 时的长度均为 L_0，它们的线膨胀系数分别为 α_{ls} 和 α_{lg}，若二者不粘贴，则它们的长度分别为

$$L_s = L_0(1 + \alpha_{ls}\Delta t) \tag{2-11}$$

$$L_g = L_0(1 + \alpha_{lg}\Delta t) \tag{2-12}$$

当二者粘贴在一起时，电阻丝产生的附加变形 ΔL，附加应变 ε_β 及附加电阻变化 ΔR_β，分别为

$$\Delta L = L_g - L_s = (\alpha_{lg} - \alpha_{ls})L_0\Delta t \tag{2-13}$$

$$\varepsilon_\beta = \frac{\Delta L}{L_0} = (\alpha_{lg} - \alpha_{ls})\Delta t \tag{2-14}$$

$$\Delta R_\beta = K_0 R_0 \varepsilon_\beta = K_0 R_0 (\alpha_{lg} - \alpha_{ls})\Delta t \tag{2-15}$$

由上可得由于温度变化而引起应变片总电阻相对变化量为

$$\frac{\Delta R_t}{R_0} = \frac{\Delta R_\alpha + \Delta R_\beta}{R_0} = \alpha_0 \Delta t + K_0(\alpha_{lg} - \alpha_{ls})\Delta t = \left[\alpha_0 + K_0(\alpha_{lg} - \alpha_{ls})\right]\Delta t \tag{2-16}$$

折合成附加应变量或虚假的应变 ε_t，有

$$\varepsilon_t = \frac{\dfrac{\Delta R_t}{R_0}}{K_0} = \left[\frac{\alpha_0}{K_0} + (\alpha_{lg} - \alpha_{ls})\right]\Delta t \tag{2-17}$$

由式（2-16）和式（2-17）可知，因环境温度变化而引起的附加电阻的相对变化量，除了与环境温度有关外，还与应变片自身的性能参数（K_0，α_0，α_{ls}）以及被测试件线膨胀系数 α_{lg} 有关。

另外，温度变化也会影响粘接剂传递变形的能力，从而对应变片的工作特性产生影响，过高的温度甚至使粘接剂软化而使其完全丧失传递变形的能力，也会造成测量误差，但以上述两个原因为主。

2. 电阻应变片的温度补偿方法

应变片的温度补偿方法通常有两种，即线路补偿和应变片自补偿。

（1）线路补偿最常用和效果较好的是电桥补偿法。测量时，在被测试件上安装工作应变片，而在另外一个不受力的补偿件上安装一个完全相同的应变片称补偿片，补偿件的材料与被测试件的材料相同，且使其与被测试件处于完全相同的温度场中，然后再将两者接入电桥的相邻桥臂上，如图 2-5 所示。当温度变化使测量片电阻变化时，补偿片电阻也发生同样

变化，用补偿片的温度效应来抵消测量片的温度效应，输出信号也就不受温度影响。

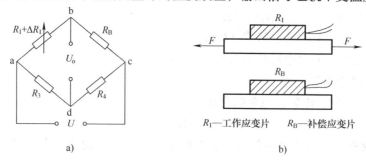

图 2-5　电桥补偿法

a) 单臂电桥　b) 温度补偿应变片

图 2-5 为单臂电桥，R_1 为测量片，贴在传感器弹性元件表面上，R_B 为补偿片，它贴在不受应变作用的试件上，并放在弹性元件附近，R_3、R_4 为配接精密电阻。电桥输出电压 U_0 与桥臂参数的关系为

$$U_o = K_C(R_1 R_4 - R_B R_3) \tag{2-18}$$

式中　K_C——由桥臂电阻和电源电压决定的常数；

$\quad\quad R_1$——工作应变片（Ω）；

$\quad\quad R_B$——补偿应变片（Ω）。

由式（2-18）可知，当 R_3 和 R_4 为常数时，R_1 和 R_B 对电桥输出电压 U_o 的作用方向相反。利用这一基本关系可实现对温度的补偿。

当被测试件不承受应变时，R_1 和 R_B 又处于同一环境温度为 t℃ 的温度场中，调整电桥参数，使之达到平衡，有

$$U_o = K_C(R_1 R_4 - R_B R_3) = 0 \tag{2-19}$$

工程上，一般按 $R_1 = R_B = R_3 = R_4$ 选取桥臂电阻。当温度升高或降低 $\Delta t = t - t_0$ 时，两个应变片因温度相同而引起的电阻变化量相等（$\Delta R_{1t} = \Delta R_{Bt}$），电桥仍处于半衡状态，即

$$U_o = K_C[(R_1 + \Delta R_{1t})R_4 - (R_B + \Delta R_{Bt})R_3] = 0 \tag{2-20}$$

若此时被测试件有应变 ε 的作用，则工作应变片电阻 R_1 又产生新的增量 $\Delta R_1 = R_1 K_\varepsilon$，$R_1$ 变为 $R_1 + \Delta R_{1t} + \Delta R_1 = R_1 + \Delta R_{1t} + R_1 K_\varepsilon$，而补偿片因不承受应变，故不产生新的增量。

此时电桥输出电压为

$$U_o = K_C[(R_1 + \Delta R_{1t} + R_1 K_\varepsilon)R_4 - (R_B + \Delta R_{Bt})R_3] = K_C R_1 R_4 K_\varepsilon \tag{2-21}$$

由式（2-21）可知，电桥的输出电压 U_o 仅与被测试件的应变 ε 有关，而与环境温度无关。应当指出，若要实现完全补偿，上述分析过程必须满足四个条件：

1) 在应变片工作过程中，必须保证 $R_3 = R_4$。

2) R_1 和 R_B 两个应变片应具有相同的电阻温度系数 α、线膨胀系数 α_l、应变灵敏度系数 K 和初始电阻值 R_0。

3) 粘贴补偿片的补偿块材料和粘贴工作片的被测试件材料必须一样，两者线膨胀系数相同。

4）两应变片应处于同一温度场。

（2）应变片的自补偿法　这种温度补偿法是利用自身具有温度补偿作用的应变片，称之为温度自补偿应变片。

由式（2-16）可以看出，要实现温度自补偿，必须有

$$\alpha_0 = -K_C(\alpha_{lg} - \alpha_{ls}) \tag{2-22}$$

也就是说，当被测试件的线膨胀系数 α_{lg} 已知时，如果合理选择敏感栅材料，即其电阻温度系数 α_0、灵敏度系数 K_0 和线膨胀系数 α_{ls}，使之满足式（2-22），则不论温度如何变化，均有

$$\frac{\Delta R_t}{R_0} = 0 \tag{2-23}$$

从而达到温度自补偿的目的。

2.1.4　电阻应变片传感器的集成与应用

1. 集成应变片传感器　随着微电子技术的发展，利用半导体压阻效应，以单晶硅膜片作为敏感元件，在膜片上采用集成工艺制作成电阻网络，组成惠斯通电桥，与双极运算放大器集成在一块芯片上。当膜片受力后，4 个电阻阻值发生变化，集成块输出高精度、带温度补偿，且与压力成正比的模拟信号。图 2-6、图 2-7 分别是集成应变片式传感器 MPXH6300A 系列的外形图和内部结构框图。

MPXH6300A6T1　　　　　MPXH6300AC6T1

图 2-6　MPXH6300A 外形图　　　　　　图 2-7　MPXH6300A 内部结构框图

MPXH6300A 系列引脚见表 2-1。

表 2-1　MPXH6300A 系列引脚表

引脚号	符　号	功　　能	引脚号	符　号	功　　能
2	V_B	电源正	4	V_o	输出
3	GND	地	其他	N/C	空（不能接地或外部电路）

MPXH6300A 使用非常简便，外围元件很少即可直接与 A/D 相连，其应用电路如图 2-8 所示。

2. 电阻应变式传感器应用

（1）位移传感器　应变式位移传感器是把被测位移量转换成弹性元件的变形和应变，然后通过应变片和应变电桥，输出一个正比于被测位移的电量。

这种传感器由于采用了悬臂梁——螺旋弹簧串联的组合结构，因此测量的位移较大（通量范围为 10~100mm）。其工作原理如图 2-9 所示。

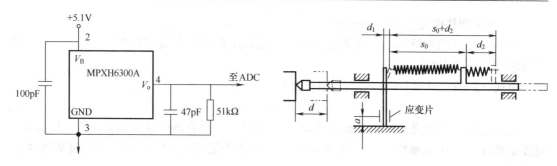

图 2-8　MPXH6300A 系列的典型应用电路　　　　　　图 2-9　位移传感器工作原理图

由图（2-9）可知，4 片应变片分别贴在距悬臂梁根部距离为 α 处的正、反两面；拉伸弹簧的一端与测量杆相连，另一端与悬臂梁上端相连。测量时，当测量杆随被测件产生位移 d 时，就要带动弹簧，使悬臂梁弯曲变形产生应变，其弯曲应变量与位移量呈线性关系。由于测量杆的位移 d 是悬臂梁端部位移量 d_1 和螺旋弹簧伸长量 d_2 之和，因此由材料力学可知，位移量 d 与贴片处的应变量 d 与贴片处的应变量 e 之间的关系为 $d = d_1 + d_2 = Ke$（注：K 为比例系数，它与弹性元件尺寸和材料特性参数有关；e 为应变量，它可以通过应变仪测得）。

（2）压力传感器　如图 2-10 所示为筒式压力传感器，它的被测压力 p 作用于筒内腔，使筒发生形变，工作应变片 "1" 贴在空心的筒壁外感受应变，补偿应变片 "2" 贴在不发生形变的实心端作为温度补偿用。压力传感器一般可用来测量机床液压系统压力和枪、炮筒腔内压力等。

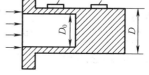

图 2-10　筒式压力传感器

（3）称重传感器信号处理电路　称重传感器信号处理电路如图 2-11 所示。虚线方框部分是 AM 系列称重传感器。无重力信号时，电桥平衡。ΔR 为零；出现重力时，ΔR 表现为某一数值，物体越重，ΔR 变化越大，加到运放 FC72C 上的信号也越大。该电路输出电压与重量呈线性关系。因为 A-D 转换的最大输入为 10V，故要调节 RP_1 -- RP_3，使传感器加满载时，放大器输出电压为 10V。该电路长时间工作时，漂移小于 1mV。

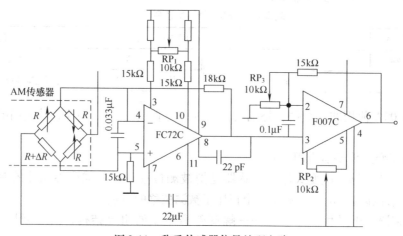

图 2-11　称重传感器信号处理电路

（4）加速度传感器　图 2-12 为应变式加速度传感器的结构图。在应变梁 2 的一端固定惯性质量块 1，梁的上下粘贴应变片 4，传感器内腔充满硅油，以产生必要的阻尼。测量时，将传感器壳体与被测对象刚性连接，当被测物体以加速度 a 运动时，质量块受到一个与加速度方向相反的惯性力作用，使悬臂梁变形，该变形被粘贴在悬臂梁上的应变片感受到并随之产生应变，从而使应变片的电阻发生变化。电阻的变化引起应变片组成的桥路出现不平衡，从而输出电压，即可得出加速度 a 的大小。

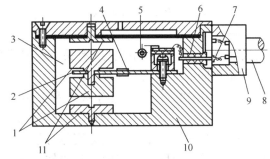

图 2-12　应变式加速度传感器
1—质量块　2—应变梁　3—硅泅阻尼液　4—应变片
5—温度补偿电阻　6—绝缘套管　7—接线柱
8—电缆　9—压线板　10—壳体　11—保护块

2.2　热电阻式传感器

利用电阻随温度变化的特性而制成的传感器，在工业上被广泛用来对温度和与温度有关的参数进行检测。按热电阻性质的不同，热电阻传感器可分为金属热电阻和半导体热电阻两大类，前者通常简称为热电阻，后者称为热敏电阻。

2.2.1　热电阻传感器基本原理

热电阻是利用电阻与温度成一定函数关系的特性，由金属材料制成的感温元件。当被测温度变化时，导体的电阻随温度变化而变化，通过测量电阻值变化的大小而得出温度变化的情况及数值大小，这就是热电阻测温的基本工作原理。

作为测温的热电阻应具有下列基本要求：电阻温度系数 α 要大，以获得较高的灵敏度；电阻率 ρ 要高，以便使元件尺寸可以小；电阻值随温度变化尽量呈线性关系，以减小非线性误差；在测量范围内，物理、化学性能稳定；材料工艺性好、价格便宜等。

2.2.2　常用的热电阻及其特性

常用热电阻材料有铂、铜、铁和镍等，它们的电阻温度系数在 $(3 \sim 6) \times 10^{-3}/℃$ 范围内，下面分别介绍它们的使用特性。

1. 铂电阻　铂电阻是目前公认的制造热电阻的最好材料，它性能稳定，重复性好，测量精度高，其电阻值与温度之间有很近似的线性关系。缺点是电阻温度系数小，价格较高。铂电阻主要用于制成标准电阻温度计，其测量范围一般为 $-200 \sim 650℃$。结构如图 2-13 所示。

当温度 t 在 $-200 \sim 0℃$ 范围内时，铂电阻值与温度的关系可表示为

$$R_f = R_0 \left[1 + At + Bt^2 + C(t-100)^3 \right]$$

当温度 t 在 $-200 \sim 850℃$ 范围内时，铂的电阻值与温度的关系为

$$R_f = R_0(1 + At + Bt^2)$$

式中　R_0——温度为 0℃时的电阻值（Ω）；

　　　R_t——温度为 t℃时的电阻值（Ω）；

A——常数（$A = 3.96847 \times 10^{-3}/\text{℃}$）；

B——常数（$B = -5.847 \times 10^{-7}/\text{℃}^2$）；

C——常数（$C = -4.22 \times 10^{-12}/\text{℃}^4$）。

由式可知，热电阻 R_t 不仅与 t 有关，还与其在 0℃ 时的电阻值 R_0 有关，即在同样温度下，R_0 取值不同，R_t 的值也不同。目前国内统一设计的工业用铂电阻的 R_0 值有 46Ω 和 100Ω 等几种，并将 R_0 与 t 相应关系列成表格形式，称为分度表。上述两种铂电阻的分度号分别用 BA₁ 和 BA₂ 表示，使用分度表时，只要知道热电阻的 R_t 值，便可从表中求得与 R_t 相对应的温度值 t。

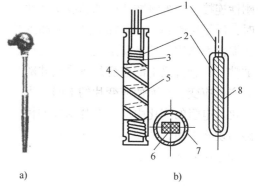

图 2-13　铂热电阻的构造
a）普通型铂热电阻实物图　b）结构图
1—银引出线　2—铂丝　3—锯齿形
云母骨架　4—保护用云母片
5—银绑带　6—铂电阻横断面
7—保护套管　8—石英骨架

2. 铜电阻　铜电阻的特点是价格便宜（而铂是贵重金属），纯度高，重复性好，电阻温度系数大，$\alpha = (4.25 \sim 4.28) \times 10^{-3}/\text{℃}$（铂的电阻温度系数在 0～100℃ 之间的平均值为 $3.9 \times 10^{-3}/\text{℃}$），其测温范围为 -50～150℃，当温度再高时，裸铜就氧化了。

在上述测温范围内，铜的电阻值与温度呈线性关系，可表示为

$$R_t = R_0(1 + \alpha t) \tag{2-24}$$

铜热电阻的主要缺点是电阻率小，所以制成电阻时与铂材料相比，铜电阻如果细，就导致机械强度不高；如果长则体积较大。而且铜电阻容易氧化，测温范围小。因此，铜电阻常用于介质温度不高、腐蚀性不强、测温元件体积不受限制的场合。铜电阻的 R_0 值有 50Ω 和 100Ω 两种，分度号分别为 Cu50、Cu100。

3. 其他热电阻　镍和铁的电阻温度系数大，电阻率高，可用于制成体积大、灵敏度高的热电阻。但由于容易氧化，化学稳定性差，不易提纯，重复性和线性度差，目前应用还不多。

近年来在低温和超低温测量方面，开始采用一些较为新颖的热电阻，例如铑铁电阻、铟电阻、锰电阻、碳电阻等。铑铁电阻是以含质量分数为 0.5% 的铑原子的铑铁合金丝制成的，常用于测量 0.3～20K 范围内的温度，具有灵敏度和稳定性高、重复性较好等优点。铟电阻是一种高精度低温热电阻，铟的熔点约为 429K，在 4.2～15K 温度内其灵敏度比铂高 10 倍，故可用于铂电阻不能使用的测温范围。

2.2.3　热电阻的测量电路

最常用的热电阻测温电路是电桥电路，如图 2-14 所示。图中 R_1、R_2、R_3 和 R_t（或 R_q、R_M）组成电桥的 4 个桥臂，其中 R_t 是热电阻，R_q 和 R_M 分别是调零和调满刻度的调整电阻（电位器）。测量时先将切换开关 S 扳到 "1" 位置，调节 R_q 使仪表指示为零，然后将 S 扳到 "3" 位置，调节 R_M 使仪表指示到满刻度，作这种调整后再将 S 扳到 "2" 位置，则可进行正常测量。由于热电阻本身电阻值较小（通常约为 100Ω），而热电阻安装处（测温点）距仪表之间总有一定距离，则其连接导线的电阻也会因环境温度的变化而变化，从而造成测

量误差。

　　为了消除导线电阻的影响，一般采用 3 线制接法，如图 2-15 所示。图 2-15a 的热电阻有

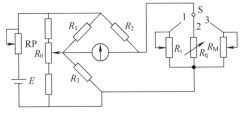

3 根引出线，而图 2-15b 的热电阻只有两根引出
线，但都采用了 3 线制接法。采用 3 线制接法，
引线的电阻分别接到相邻桥臂上且电阻温度系
数相同，因而温度变化时引起的电阻变化亦相
同，使引线电阻变化产生的附加误差减小。

　　在进行精密测量时，常采用 4 线制接法，
如图 2-16 所示。由图可知，调零电阻 R_q 分为两

图 2-14　热电阻测温电路

部分，分别接在两个桥臂上，其接触电阻与检流计 G 串联，接触电阻的不稳定不会影响电
桥的平衡和正常工作状态，其测量电路常配用双电桥或电位差计。

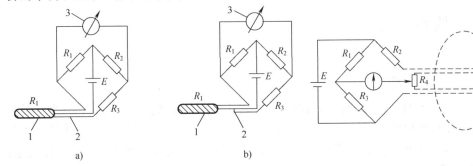

图 2-15　热电阻 3 线制接法测量桥路

a) 3 根引出线的 3 线制接法　b) 2 根引出线的 3 线制接法

1—电阻体　2—引出线　3—显示仪表

图 2-16　热电阻测温电路的 4 线制接法

2.2.4　热电阻的应用

　　在工业上广泛应用金属热电阻传感器作为 −200 ~ 500℃ 范围内的温度测量，在特殊情况
下，测量的低温端可达 3.4K，甚至更低（1K 左右），高温端可达 1000℃，甚至更高，而且
测量电路也较为简单。金属热电阻传感器作温度测量的主要特点是精度高，适用于测低温
（测高温时常用热电偶传感器），便于远距离、多点、集中测量和自动控制。

　　1. 温度测量　利用热电阻的高灵敏度进行液体、气体、固体、固熔体等方面的温度测
量，是热电阻的主要应用。工业测量中常用 3 线制接法，标准或试验室精密测量中常用 4 线
制。这样不仅可以消除连接导线电阻的影响，而且还可以消除测量电路中寄生电势引起的误
差。在测量过程中需要注意的是，要使流过热电阻丝的电流不要过大，否则会产生过大的热
量，影响测量精度。图 2-17 为热电阻的测量电路图。

　　2. 流量测量　利用热电阻上的热量消耗和介质流速的关系还可以测量流量、流速、风
速等。图 2-18 为利用铂热电阻测量气体流量的一个例子。图中热电阻探头 R_{t1} 放置在气体流
路中央位置，它所耗散的热量与被测介质的平均流速成正比；另一热电阻 R_{t2} 放置在不受流
动气体干扰的平静小室中，它们分别接在电桥的两个相邻桥臂上。测量电路在流体静止时处
于平衡状态，桥路输出为零。当气体流动时，介质会将热量带走，从而使 R_{t1} 和 R_{t2} 的散热情

况不一样，致使R_{t1}的阻值发生相应的变化，使电桥失去平衡，产生一个与流量变化相对应的不平衡信号，并由检流计 P 显示出来，检流计的刻度值可以做成气体流量的相应数值。

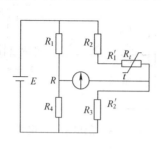

图 2-17　热电阻的测量电路图

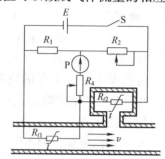

图 2-18　热电阻式流量计电路原理图

2.3　其他电阻传感器

2.3.1　热敏电阻与应用

热敏电阻是用半导体材料制成的热敏器件。相对于一般的金属热电阻而言，它主要具备如下特点：电阻温度系数大，灵敏度高，比一般金属的电阻大 10 ~ 100 倍；结构简单，体积小，可以测量点温；电阻率高，热惯性小，适宜动态测量；阻值与温度变化呈非线性关系；稳定性和互换性较差。

1. 热敏电阻结构　大部分半导体热敏电阻是由各种氧化物按一定比例混合，经高温烧结而成的。如图 2-19 所示。多数热敏电阻具有负的温度系数，即当温度升高时，其电阻值下降，同时灵敏度也下降。由于这个原因，限制了它在高温下的使用。

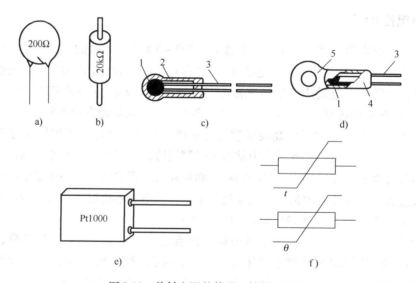

图 2-19　热敏电阻的外形、结构及符号

a）圆片形热敏电阻　b）柱形热敏电阻　c）珠形热敏电阻　d）铠装形　e）厚膜形　f）图形符号

1—热敏电阻　2—玻璃外壳　3—引出线　4—纯铜外壳　5—传热安装孔

2. 热敏电阻的热电特性　热敏电阻是一种新型的半导体测温元件，它是利用半导体的电阻随温度变化的特性而制成的测温元件。按温度系数不同可分为正温度系数热敏电阻（PTC）和负温度系数热敏电阻（NTC）2 种。NTC 又可分为 2 大类：第 1 类电阻值与温度之间呈严格的负指数关系；第 2 类为突变型（CTR），当温度上升到某临界点时，其电阻值突然下降。热敏电阻的热电特性曲线如图 2-20 所示。

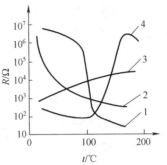

图 2-20　热敏电阻的热电特性曲线
1—突变型 NTC　2—负指数型 NTC
3—线性型 PTC　4—突变型 PTC

3. 热敏电阻的基本应用

（1）热敏电阻体温表　图 2-21 为热敏电阻体温表原理图。测体温时必须先对该温度计进行标定：将绝缘的热敏电阻放入 32℃（表头的零位）的温水中，待热量平衡后，调节 RP_1，使指针在 32℃上，再加热水。用更高一级的温度计监测水温，使其上升到 45℃。待热量平衡后，调节 RP_2，使指针指在 45℃上。再加入冷水，逐渐降温，检查 32～45℃范围内分度的准确性。若不准确可重新标定。

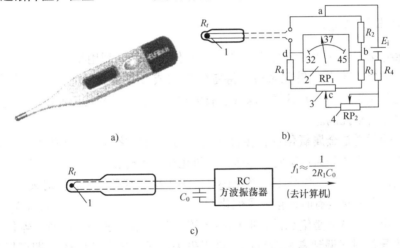

图 2-21　热敏电阻体温表原理图
a）热敏电阻体温表外形　b）桥式电路　c）调谐式电路
1—热敏电阻　2—指针式显示器　3—调零电位器　4—调满度电位器

（2）晶体管的温度补偿　如图 2-22 所示，根据晶体管特性，当环境温度升高时，其集电极电流 I_c 上升，这等效于晶体管等效电阻下降，U_{sc} 会增大。若要使 U_{sc} 维持不变，则需提高基极 b 点电位，减少晶体管基流。为此选择负温度系数的热敏电阻 R_t，从而使基极电位提高，达到补偿目的。

（3）电动机的过载保护控制　如图 2-23 所示，R_{t1}、R_{t2}、R_{t3} 是特性相同的 PRC6 型热敏电阻，放在电动机绕组中，用万能胶固定。阻值 20℃时为 10kΩ，100℃时为 1kΩ，110℃时为 0.6kΩ。正常运行时，晶体管 VT 截止，KA 不动作。当电动机过载、断相或一相接地时，电动

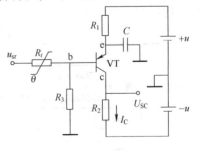

图 2-22　热敏电阻用于
晶体管的温度补偿电路

机温度急剧升高，使 R_t 阻值急剧减小，到一定值时，VT 导通，KA 得电吸合，从而实现保护作用。根据电动机各种绝缘等级的允许温升来调节偏流电阻 R_2 值，从而确定 BG 的动作点，其效果好于熔丝及双金属片热继电器。

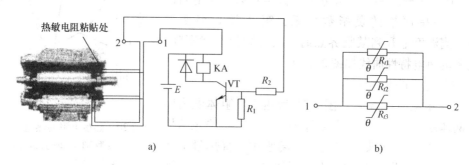

图 2-23　热敏电阻构成的电动机过载保护电路图
a）连接示意图　b）电动机定子上热敏电阻连接方式

2.3.2　气敏电阻与应用

1. 气敏传感器的材料及工作原理　所谓气敏传感器，是利用半导体气敏元件同气体接触，造成半导体性质变化，借此来检测待定气体的成分或者测量其浓度的传感器的总称。气敏传感器主要用于工业上天然气、煤气、石油化工等领域的易燃、易爆、有毒、有害气体的监测、预报和自动控制。

气敏电阻的材料是金属氧化物，在合成材料时，通过化学计量比的偏离和杂质缺陷制成，金属氧化物半导体分为：N 型半导体，如氧化锡、氧化铁、氧化锌、氧化钨等；P 型半导体，如氧化钴、氧化铅、氧化铜、氧化镍等。为了提高某种气敏元件对某些气体成分的选择性和灵敏度，合成材料有时还掺入了催化剂，如钯（Pd）、铂（Pt）、银（Ag）等。

金属氧化物在常温下是绝缘的，制成半导体后却显示气敏特性。通常器件工作在空气中，当 N 型半导体材料遇到离解能较小、易于失去电子的还原性气体（即可燃性气体，如一氧化碳、氢、甲烷、有机溶剂等）后，发生还原反应，电子从气体分子向半导体移动，半导体中的载流子浓度增加，导电性能增强，电阻减小。当 P 型半导体材料遇到氧化性气体（如 O_2、NO_x 等）后就会发生氧化反应，半导体中的载流子浓度减少，导电性能减弱，因而电阻增大。对混合型材料无论吸附氧化性气体还是还原性气体，都将使载流子浓度减少，电阻增大。半导体气敏传感器的种类见表 2-2。

表 2-2　半导体气敏传感器的种类

	主要物理属性		传感器举例	工作温度	典型被测气体
电阻式	电阻	表面控制型	氧化银、氧化锌	室温~450℃	可燃气体
		体控制型	氧化钛、氧化钴、氧化镁、氧化锡	700℃以上	酒精、氧气
非电阻式	表面电位		氧化银	室温	硫醇
	二极管 整流特性		铂/硫化镉、铂/氧化钛	室温~200℃	氢气、一氧化碳、酒精
	晶体管特性		铂栅 MOS 场效应晶体管	150℃	氢气、硫化氢

2. 气敏元件的基本测量电路　气敏元件的基本测量电路如图 2-24 所示，图中 E_H 为加热电源，E_c 为测量电源，电路中气敏电阻值的变化引起电路中电流的变化，输出信号电压由电阻 R_0 上取出。气敏元件工作时需要本身的温度比环境温度高很多。因此，气敏元件在结构上，有电阻丝加热器，1 和 2 是加热电极，3 和 4 是气敏电阻的一对电极。氧化锡、氧化钵材料气敏元件输出电压与温度的关系如图 2-25 所示。气敏元件在低浓度下灵敏度高，在高浓度下趋于稳定值。常用来检查可燃性气体泄漏并报警等。

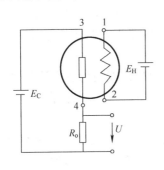

图 2-24　气敏元件的基本测量电路
1、2—加热电极　3、4—测量电极

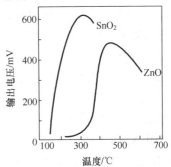

图 2-25　气敏元件输出电压与温度的关系

3. 气敏电阻元件的种类　气敏电阻元件种类很多，按制造工艺上分烧结型、薄膜型、厚膜型。

（1）烧结型气敏元件　将元件的电极和加热器均埋在金属氧化物气敏材料中，经加热成型后低温烧结而成。目前最常用的是氧化锡（SnO_2）烧结型气敏元件，用来测量还原性气体。它的加热温度较低，一般在 200~300℃，SnO_2 气敏半导体对许多可燃性气体，如氢、一氧化碳、甲烷、丙烷、乙醇等都有较高的灵敏度。图 2-26 为 MQN 型气敏电阻的结构及测量转换电路简图。

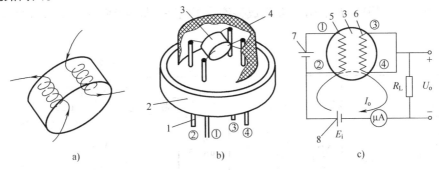

图 2-26　MQN 型气敏电阻结构及测量电路
a）气敏烧结体　b）气敏电阻　c）基本测量电路
1—引脚　2—塑料底座　3—烧结体　4—不锈钢网罩　5—加热电极
6—工作电极　7—加热回路电源　8—测量回路电源

（2）薄膜型气敏元件　采用真空镀膜或溅射方法，在石英或陶瓷基片上制成金属氧化物薄膜（厚度 0.1μm 以下），构成薄膜型气敏元件。

氧化锌（ZnO_2）薄膜型气敏元件以石英玻璃或陶瓷作为绝缘基片，通过真空镀膜在基片上蒸镀锌金属，用铂或钯膜作引出电极，最后将基片上的锌氧化。氧化锌敏感材料是 N 型半导体，当添加铂作催化剂时，对丁烷、丙烷、乙烷等烷烃气体有较高的灵敏度，而对 H_2、CO 等气体灵敏度很低。若用钯作催化剂时，对 H_2、CO 有较高的灵敏度，而对烷烃类气体灵敏度低。因此，这种元件有良好的选择性，工作在 400～500℃ 的较高温度。

（3）厚膜型气敏元件　将气敏材料（如 SnO_2、ZnO）与一定比例的硅凝胶混制成能印刷的厚膜胶，把厚膜胶用丝网印制到事先安装有铂电极的氧化铝（Al_2O_3）基片上，在 400 ～800℃ 的温度下烧结 1～2h 便制成厚膜型气敏元件。用厚膜工艺制成的器件一致性较好，机械强度高，适于批量生产。

以上 3 种气敏器件都附有加热器，在实际应用时，加热器能使附着在测控部分上的油雾、尘埃等烧掉，同时加速气体氧化还原反应，从而提高器件的灵敏度和响应速度。

4. 气敏传感器应用电路

（1）QM-N5 气敏传感器及其应用电路　QM 系列气敏元件是采用金属氧化物半导体作敏感材料的 N 型半导体气敏元件，该气敏元件接触可燃性气体时电导率增加，适宜于在气体报警器、监控仪器，自动排风装置上作气敏传感器，广泛地应用于防火、保安、环保和家庭等领域。

QM-N5 气敏传感器可用于检测 CH_4、H_2、C_4H_{10} 等可燃性气体、有机液蒸汽和烟雾等，检测范围为（100～10000）×10^{-6}，具有灵敏度高、响应恢复快的特点。

如图 2-27 所示的电路是用 QM-N5 气敏传感器构成的换气扇自动控制电路。该电路由气体检测、温度检测、或逻辑电路、触发电路和整流稳压电路组成。图中气敏元件 RP_1、C_1、R_1、R_2 共同构成气体检测电路，输出电压为 V_B；R_t、C_2、RP_2 共同构成温度检测电路，输出电压为 V_E。VD_1、VD_2 和 VT_1 构成逻辑或电路，当 V_B 或 V_E 高于 1V 时，VT_1 导通，反之 V_B 和 V_E 均低于 1V 时，VT_1 截止。触发器 IC_2 输出高电平时，SCR 导通，换气扇通电工作。反之 SCR 截止，换气扇停止工作。SCR 两端并接了 RC 吸收网络，确保其不受损害。开关 K 为电源开关。VS、VD_4、R_6、C_4、C_5 组成整流稳压电路，提供 9V 左右的直流电压。

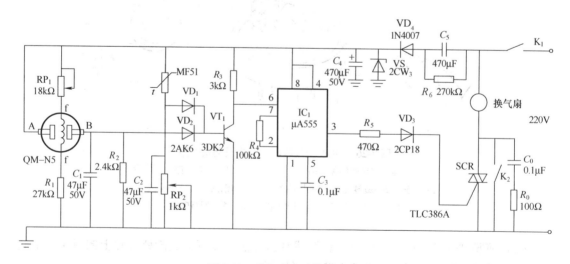

图 2-27　换气扇自动控制电路

工作时，K_1 合上，当室内无有害气体，室温低于人体温度（36℃）时，气敏元件 A、B 两端的阻值较大，热敏电阻的阻值也较大，使得 B、E 两端的电压均低于 1V，逻辑或电路输出为低电平，SCR 截止，换气扇不工作。当室内有害气体或油烟浓度超过设定值，气敏元件 A、B 两端的阻值迅速减少，使 B 点电位升高，逻辑或电路输出高电平，SCR 导通，换气扇工作。当室温上升接近人体温度时，热敏电阻的阻值下降，E 点电位升高，也可以使逻辑或电路输出高电平，SCR 导通，换气扇工作。

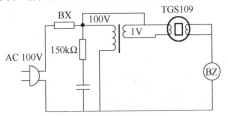

图 2-28　简易家用气体报警电路

（2）简易家用气体报警器　图 2-28 为一种简单的家用报警器电路，气敏元件采用测试回路高电压的直热式气敏元件 TGS09，当室内可燃性气体浓度增加时，气敏器件接触到可燃性气体而电阻降低，回路电流增加，驱动蜂鸣器 BZ 报警。

2.3.3　湿敏电阻与应用

1. 湿度的概念和表示方法　湿度是指大气中的水蒸气含量，通常采用绝对湿度和相对湿度两种表示方法。绝对湿度是指单位空间中所含水蒸气的绝对含量、浓度或者密度，一般用符号 AH 表示，单位为 g/m^3。相对湿度是指被测气体中蒸气压和该气体在相同温度下饱和水蒸气压的百分比，一般用符号 RH 表示。相对湿度给出大气的潮湿程度，它是一个无量纲的量，在实际使用中多使用相对湿度这一概念。

2. 比较成熟的湿敏传感器

（1）氯化锂湿敏电阻　氯化锂湿敏电阻是利用吸湿性盐类潮解，离子导电率发生变化而制成的测湿元件，该元件的结构如图 2-29 所示，由引线、基片、感湿层与电极组成。

氯化锂通常与聚乙烯醇组成混合体，在氯化锂（LiCl）溶液中，Li 和 Cl 均以正负离子的形式存在，而 Li + 对水分子的吸引力强，离子水合程度高，其溶液中的离子导电能力与浓度成正比。当溶液置于一定温湿场中，若环境相对湿度高，溶液将吸收水分，使浓度降低，因此，其溶液电阻率增高。反之，环境相对湿度变低时，则溶液浓度升高，其电阻率下降，从而实现对湿度的测量。氯化锂湿敏元件的湿度-电阻特性曲线如图 2-30 所示。

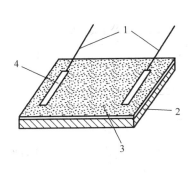

图 2-29　湿敏电阻结构示意图

1—寻线　2—基片　3—感湿层　4—金属电极

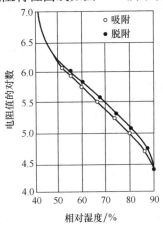

图 2-30　氯化锂湿敏元件湿度-电阻特性曲线

由图可知，在50% ~80% 相对湿度范围内，电阻与湿度的变化呈线性关系。为了扩大湿度测量的线性范围，可以将多个氯化锂含量不同的器件组合使用，如将测量范围分别为（10% ~20%）RH，（20% ~40%）RH，（40% ~70%）RH，（70% ~90%）RH 和（80% ~99%）RH 5 种元件配合使用，就可自动地转换完成整个湿度范围的湿度测量。

氯化锂湿敏元件的优点是滞后小，不受测试环境风速影响，检测精度高达 ±5%，但其耐热性差，不能用于露点以下测量，器件性能的重复性不理想，使用寿命短。

（2）半导体陶瓷湿敏电阻　半导体陶瓷湿敏电阻通常是用两种以上的金属氧化物半导体材料混合烧结而成的多孔陶瓷。这些材料有 $ZnO\text{-}LiO_2\text{-}V_2O_5$ 系、$Si\text{-}Na_2O\text{-}V_2O_5$ 系、$TiO_2\text{-}MgO\text{-}CR_2O_3$ 系、Fe_2O_3 等，前 3 种材料的电阻率随湿度增加而下降，故称为负特性湿敏半导体陶瓷，最后一种的电阻率随湿度增大而增大，故称为正特性湿敏半导体陶瓷。

1）$ZnO\text{-}CR_2O_3$ 陶瓷湿敏元件　$ZnO\text{-}CR_2O_3$ 湿敏元件是将多孔材料的电极烧结在多孔陶瓷圆片的两表面上，并焊上铂引线，然后将敏感元件装入有网眼过滤的方形塑料盒中用树脂固定而做成的。$ZnO\text{-}CR_2O_3$ 传感器能连续稳定地测量湿度，而无需加热除污装置，因此功耗低于 0.5W，体积小、成本低，是一种常用测湿传感器。

2）$MgCR_2O_4\text{-}TiO_2$ 湿敏元件　氧化镁复合氧化物-二氧化钛湿敏材料通常制成多孔陶瓷型"湿-电"转换器件，它是负特性半导瓷。$MgCR_2O_4$ 为 P 型半导体，它的电阻率低，阻值温度特性好。在 $MgCR_2O_4\text{-}TiO_2$ 陶瓷片的两面涂覆有多孔金电极。金电极与引出线烧结在一起，为了减少测量误差，在陶瓷片外设置由镍铬丝制成的加热线圈，以便对器件加热清洗，排除恶劣气体对器件的污染。整个器件安装在陶瓷基片上，电极引线一般采用铂-铱合金。

3. ZHG 型湿敏电阻及其应用　ZHG 型湿敏电阻为陶瓷湿敏传感器，其阻值随被测环境湿度的升高而降低。ZHG 湿敏电阻有两种型号：ZHG-1 型和 ZHG-2 型，前者外形为长方形，外壳采用耐高温塑料，多用于家用电器；后者外形为圆柱体，外壳用铜材料制作，多用于工厂车间、塑料大棚、仓库和电力开关等场合的湿度控制。

ZHG 型湿敏电阻的特点是：体积小、重量轻、灵敏度高、测量范围宽（5% ~99% RH）、温度系数小、响应时间短、使用寿命长。

图 2-31 为应用 ZHG 湿敏电阻的温度检测电路图。共由 5 部分组成：湿敏元件（R_3）；振荡器（由 IC_1、R_1、R_2、C_1 和 VD_1 组成，R_1、R_2 和 C_1 的数值决定振荡频率，本电路频率

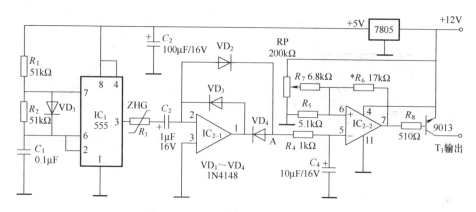

图 2-31　ZHG 湿敏电阻湿度检测电路

约为 100Hz）；对数变换器（由 IC_{2-1}、VD_2、VD_3 和 VD_4 组成）；滤波器（由 R_4、C_4 组成）；放大器（由 IC_{2-2}、RP、R_5、R_6、R_7、R_8 和 VT_1 组成）。

本传感器的测量电路由湿敏元件、电源（振荡器）和隔直电容 C_2 组成，ZHG 湿敏电阻一般情况下需采用交流供电，否则湿度高时将有电泳现象，使阻值产生漂移。但特殊场合，如工作电流小于 $10\mu A$，湿度小于 60%RH 时，测量回路可以使用直流电源。

由于 ZHG 湿敏电阻的湿度电阻特性为非线性关系，对数变换器用于修正其非线性，修正后仍有一定的非线性，但误差小于 ±5%RH。输出电路由放大器构成，输出信号为电压。该电路适用于测控精度要求不是很高的场合。

ZHG 湿敏电阻抗短波辐射的能力差，不宜在阳光下使用。室外使用时应加百叶箱式防护罩，否则影响寿命。ZHG 湿敏电阻一旦被污染可用无水乙醇或超声波清洗、烘干。烘干温度为 105℃，时间为 4h，然后重新标定使用。

思考与练习

2-1　所谓半导体气敏传感器，是利用半导体气敏元件同_____，造成半导体_____，借此来检测特定气体的成分或者测量其浓度的传感器的总称。

2-2　气敏电阻元件种类很多，按制造工艺上分_____、薄膜型、_____。

2-3　在实际应用时，气敏器件都附有_____，加热器能使附着在测控部分上的油雾、尘埃等烧掉，同时_____，从而提高器件的灵敏度和响应速度。

2-4　氯化锂湿敏电阻是利用_____，离子导电率_____而制成的测湿元件，该元件由引线、基片、感湿层与电极组成。

2-5　气敏元件通常工作在高温状态（200～450℃），目的是_____。

A. 为了加速上述的氧化还原反应

B. 为了使附着在测控部分上的油雾、尘埃等烧掉，同时加速气体氧化还原反应

C. 为了使附着在测控部分上的油雾、尘埃等烧掉

2-6　气敏元件开机通电时的电阻很小，经过一定时间后，才能恢复到稳定状态；另一方面也需要加热器工作，以便烧掉油雾、尘埃。因此，气敏检测装置需开机预热_____后，才可投入使用。

A. 几小时　　　　B. 几天　　　　C. 几分钟　　　　D. 几秒钟

2-7　气敏器件工作在空气中，在还原性气体浓度升高时，气敏器件的电阻_____。

A. 升高　　　　B. 降低　　　　C. 不变　　　　D. 不确定

2-8　当气温升高时，气敏电阻的灵敏度将_____，所以必须设置温度补偿电路。

A. 减低　　　　B. 升高　　　　C. 随时间漂移　　　　D. 不确定

2-9　根据弹性元件在传感器中的作用，它可以分为哪两种类型？简述这两种类型弹性元件的作用。

2-10　简述电位器式传感器的基本结构组成。

2-11　电位器式传感器的负载特性和理想空载特性有什么不同？

2-12　什么是电阻应变效应？

2-13　电阻应变片式传感器测量转换电桥有哪 3 种工作方式？简述每种工作方式的特点。

2-14　为什么电阻式应变片的电阻不能用普通的测量电阻的仪表测量？

2-15　简述电阻式应变片的粘贴步骤。对于多个电阻式应变片在粘贴时其粘贴位置方向应注意哪些问题？

2-16　为什么说差动电桥具有温度补偿作用？

2-17　简述热电阻传感器基本工作原理。

实训项目一　　电阻应变式传感器实训

1. 试验目的

1) 进一步认识应力、应变和电阻的相对变化的关系。

2) 观察了解锚式应变片的结构及粘贴方式。

3) 测试应变梁变形的应变输出。

4) 比较各桥路间的输出关系。

2. 试验原理

本试验说明宿式应变片及直流电桥的原理和工作情况。

应变片是最常用的测力传感元件。当用应变片测试应力时，应变片要牢固地粘贴在测试体表面，当测件受力发生形变，应变片的敏感栅随同变形，其电阻值也随之发生相应的变化。通过测量电路，将电阻值的变化转换成电信号输出显示。

电桥电路如图 2-32 所示，它是最常用的非电量电测电路中的一种，当电桥平衡时，桥路对臂电阻乘积相等，电桥输出为零，在桥臂 4 个电阻 R_1、R_2、R_3、R_4 中，电阻的相对变化率分别为 $\Delta R_1/R_1$、$\Delta R_2/R_2$、$\Delta R_3/R_3$、$\Delta R_4/R_4$，当使用一个应变片时，$\sum R = \Delta R/R$；当两个应变片组成差动状态工作，则有 $\sum R = 2\Delta R/R$；用四个应变片组成两个差动对工作，且 $R_1 = R_2 = R_3 = R_4 = R$，$\sum R = 4\Delta R/R$。

3. 试验所需设备

直流稳压电源 ±4V、公共电路模块（一）、贴于主机工作台悬臂梁上的箔式应变计、千分尺、数字电压表。

4. 试验步骤

1) 连接主机与模块电路的电源连接线，将差动放大器增益置于最大位置（顺时针方向旋到底），差动放大器" + "、" - "输入端对地用试验线短路。输出端接电压表 2V 挡。开启主机电源，用调零电位器调整差动放大器输出电压为零，然后拔掉试验线，调零后模块上的"增益、调零"电位器均不应再变动。

2) 观察贴于悬臂梁根部的应变片的位置与方向，按如图 2-32 所示将所需试验部件连接成测试桥路，图中 R_1、R_2、R_3 分别为固定标准电阻，R 为应变计（可任选上梁或下梁中的一个工作片），图中每两个工作片之间可理解为一根试验连接线，注意连接方式，勿使直流激励电源短路。

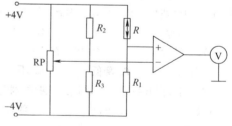

图 2-32　电桥电路

3) 将千分尺装于应变悬臂梁前端永久磁钢上，并调节千分尺使悬臂梁基本处于水平位置。确认接线无误后开启主机，并预热数分钟，使电路工作趋于稳定。调节模块上的 W_D 电位器，使桥路输出为零。

4) 用千分尺带动悬臂梁分别向上和向下位移各 5mm，每位移 1mm 记录一个输出电压值，并记入表 2-3 中。

根据表中所测数据在坐标图上做出 V-X 曲线，计算灵敏度 S：$S = \Delta V/\Delta X$。

表 2-3　位移-电压数据值

位移/mm									
电压/V									

5）依次将图 2-32 中的固定电阻 R_1 换接应变计组成半桥，将固定电阻 R_2、R_3 换接应变计组成全桥。

6）重复试验 3）和 4）步骤，完成半桥与全桥测试的试验，将所得数据分别记入表 2-4 和表 2-5 中。

表 2-4　半桥测试数据表

位移/mm									
电压/V									

表 2-5　全桥测试数据表

位移/mm									
电压/V									

7）在同一坐标上描出 V-X 曲线，比较 3 种桥路的灵敏度，并做出定性的结论。

5. 试验注意事项

1）试验前应检查试验连接线是否完好，学会正确插拔连接线，这是顺利完成试验的基本保证。

2）由于悬臂梁弹性恢复的滞后及应变片本身的机械滞后，所以当千分尺回到初始位置后桥路电压输出值并不能马上回到零，此时可一次或几次将千分尺反方向旋动一个较大位移，使电压值回到零后再进行反向采集试验。

3）试验中试验者用千分尺产生位移后，应将手离开仪器方能读取测试系统输出电压值，否则虽然没有改变刻度值也会造成微小位移或者因为人体感应使电压信号出现偏差。

4）因为是小信号测试，所以调零后电压表应置 2V 挡，用计算机采集数据时应选用 200mV 量程。

实训项目二　热电阻式传感器实训

1. 试验目的

了解铂电阻的特性与应用。

2. 试验原理

利用导体电阻随温度变化的特性。热电阻用于测量时，要求其材料电阻温度系数大，稳定性好，电阻率高，电阻与温度之间最好有线性关系。常用铂电阻和铜电阻，铂电阻在 0 ~ 630.74℃ 以内，电阻 R_t 与温度 t 的关系为

$$R_t = R_0 \ (1 + At + Bt^2)$$

R_0 是温度为 0℃ 时的电阻。要实验 $R_0 = 100℃$，$At = 3.9684 \times 10^{-2}/℃$，$Bt = -5.847 \times 10^{-7}/℃$，铂电阻现是三线连接，其中一端接两根引线主要为消除引线电阻对测量的影响。

3. 试验所需部件

9 号温度传感器实验模块、Pt100 热电阻、K 型热电偶、温度控制单元、0～2V 数显单元、万用表。

4. 试验步骤

（1）K 型热电偶作为标准源接法不变。

（2）温度实验模块的 Pt100 铂电阻，已组成直流电桥，开关拨向铂电阻（见图 2-33）。接上 +5V 电源，在常温基础上调 RP_1 使电桥平衡，桥路输出端输出为零。

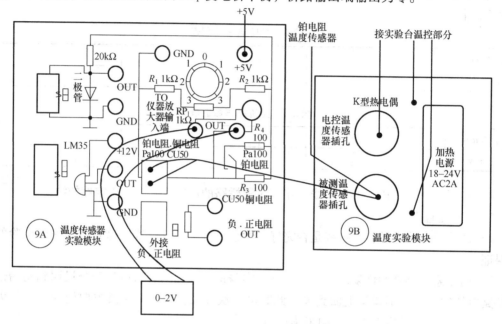

图 2-33　铂电阻温度特性试验

（3）将设定温度值可按 $\Delta t = 5℃$ 读取数显表值。将结果填入下表 2-6。

表 2-6　铂电阻热电势与温度值

t（℃）										
V/mV										

（4）根据表 2-6 值计算其非线性误差。

第3章 电容式传感器

电容式传感器是将被测物理量（如压力、液位等）的变化转换成电容量变化的一种传感器。实际上，它本身就是一个可变电容器。这种传感器具有结构简单、灵敏度高、动态特性好等一系列优点，被广泛应用于位移、压力、液位等信号的检测中，在工业控制中占有十分重要的地位。

本章主要介绍电容式传感器的工作原理、结构类型、测量电路及工程应用。

3.1 电容式传感器的工作原理与类型

如图3-1所示，由绝缘介质分开的两个平行金属板组成的平板电容器，如果不考虑边缘效应，由电工学知识可知，其电容量为

$$C = \frac{\varepsilon A}{d} \tag{3-1}$$

式中 ε——电容极板间介质的介电常数（F/m），$\varepsilon = \varepsilon_0 \varepsilon_r$ 其中 ε_0 为真空介电常数，$\varepsilon_0 = 8.85 \times 10^{-12}$ F/m，ε_r 为极板间介质相对介电常数；

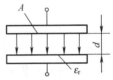

图3-1 电容器原理图

A——两平行极板所覆盖的面积（m^2）；

d——两平行极板之间的距离（m）。

当被测量的变化使式（3-1）中的 A、d 或 ε 发生变化时，电容量 C 也随之变化。如果保持其中两个参数不变，而仅改变其中一个参数，就可把该参数的变化转换为电容量的变化，通过测量电路就可转换为电量输出。因此，电容式传感器可分为变极距型、变面积型和变介电常数型三种类型。它们的电极形状有平板形、圆柱形和球面形三种。

3.1.1 变极距型电容传感器

图3-2所示为变极距型电容式传感器的原理图。图中1、3为固定极板，2为可动极板，当传感器的 ε_r 和 A 为常数，初始极距为 d_0 时，由式（3-1）可知其初始电容量 C_0 为

$$C_0 = \frac{\varepsilon_0 \varepsilon_r A}{d_0} \tag{3-2}$$

当可动极板因被测量变化而向上移动（或被测量变大）x 时，图3-2a、b所示结构的电容量增大了 ΔC，则有

$$C = C_0 + \Delta C = \frac{\varepsilon_0 \varepsilon_r A}{d_0 - x} = \frac{C_0}{1 - \dfrac{x}{d_0}} = C_0 \left(1 + \frac{x}{d_0 - x} \right) \tag{3-3}$$

在式（3-3）中，若 $x \ll d_0$ 时，则式（3-3）可以简化为

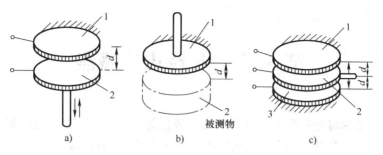

图 3-2　变极距型电容式传感器的结构原理图

a)、b) 单极式　c) 差分式

1、3—固定极板　2—可动极板

$$C \approx C_0 + C_0 \frac{x}{d_0} \tag{3-4}$$

此时 C 与 x 近似呈线性关系，所以变极距型电容式传感器只有在 x/d_0 很小时，才有近似的线性关系。其灵敏度为

$$K = \frac{\mathrm{d}C}{\mathrm{d}x} \approx \frac{C_0}{d_0} = \frac{\varepsilon_0 \varepsilon_r A}{d_0^2} \tag{3-5}$$

由式（3-5）可以看出，极距变化型电容传感器的灵敏度与极距的二次方成反比，极距越小灵敏度越高。但 d_0 过小，容易引起电容器击穿或短路。为此，极板间可采用高介电常数的材料（云母、塑料膜等）作介质。

这种传感器由于存在原理上的非线性，灵敏度随极距变化而变化，因此当极距变动量较大时，非线性误差要明显增大。为限制非线性误差，通常是在较小的极距变化范围内工作，以使输入-输出特性保持近似的线性关系。一般取极距变化范围 $\Delta d/d_0 \leqslant 0.1$。实际应用的极距变化型传感器常作成差动式（见图 3-3）。

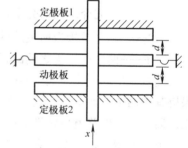

图 3-3　差动结构变极距电容传感器

上下两个极板为固定极板，中间极板为活动极板，当活动极板移动 x 距离后，一边的间隙变为 $d - x$，另一边则变为 $d + x$，输出电容为两者之差，即

$$\Delta C = C_0 \frac{d}{d-x} - C_0 \frac{d}{d+x} = 2C_0 \frac{x}{d}\left[1 + \left(\frac{x}{d}\right)^2 + \cdots \right] \tag{3-6}$$

式中　C_0——平衡时初始电容（F）。

由式（3-6）可看出，与单个电容输出相比，采用差动工作方式，电容传感器灵敏度提高了一倍，非线性得到了很大的改善，某些因素（如环境温度变化、电源电压波动等）对测量精度的影响得到了一定的补偿。

变极距型电容式传感器的优点是灵敏度高，可以进行非接触式测量，并且对被测量影响较小，所以适宜于对微位移的测量。它的缺点是具有非线性特性，所以测量范围受到一定限制，另外传感器的寄生电容效应对测量精度也有一定的影响。

3.1.2 变面积型电容式传感器

要改变电容器极板的面积，通常采用线位移型和角位移型两种形式。图 3-4 所示为线位移型的变面积型电容传感器原理结构示意图。被测量通过动极板移动引起两极板有效覆盖面积 A 改变，从而得到电容量的变化。当动极板相对于定极板沿长度方向平移 Δx 时，则电容变化量为

$$\Delta C = C - C_0 = \frac{\varepsilon_0 \varepsilon_r b (a - \Delta x)}{d} - \frac{\varepsilon_0 \varepsilon_r ab}{d} = -\frac{\varepsilon_0 \varepsilon_r b}{d} \Delta x = -C_0 \frac{\Delta x}{a} \tag{3-7}$$

式中，$C_0 = \dfrac{\varepsilon_0 \varepsilon_r ab}{d}$ 为初始电容。电容相对变化量和灵敏度为

$$\frac{\Delta C}{C_0} = -\frac{\Delta x}{a} \tag{3-8}$$

$$K = \frac{\Delta C}{\Delta x} = -\frac{C_0}{a} = -\frac{\varepsilon_0 \varepsilon_r b}{d} \tag{3-9}$$

由式（3-7）可以看出，这种形式的传感器的电容量 C 与水平位移 Δx 呈线性关系。

图 3-5 所示为电容式角位移传感器原理图。当动极板有一个角位移 θ 时，与定极板间的有效覆盖面积就发生改变，从而改变了两极板间的电容量。当 $\theta = 0$ 时，则

$$C_0 = \frac{\varepsilon_0 \varepsilon_r A_0}{d_0} \tag{3-10}$$

式中　ε_r——介质相对介电常数（F/m）；

d_0——两极板间距离（m）；

A_0——两极板间初始覆盖面积（m^2）。

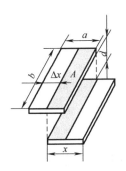

图 3-4　变面积型电容传感器原理图

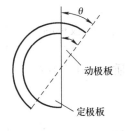

图 3-5　电容式角位移传感器原理图

当 $\theta \neq 0$ 时，则

$$C = \frac{\varepsilon_0 \varepsilon_r A_0 \left(1 - \dfrac{\theta}{\pi}\right)}{d_0} = C_0 - C_0 \frac{\theta}{\pi} \tag{3-11}$$

由式（3-11）可知，传感器的电容量 C 与角位移 θ 呈线性关系。其灵敏度为

$$K = \frac{\Delta C}{\Delta \theta} = -\frac{C_0}{\pi} = -\frac{\varepsilon_0 \varepsilon_r A_0}{\pi d_0} \tag{3-12}$$

由以上分析可知，变面积型传感器的输出是线性的，灵敏度 K 是一常数。

变面积型电容式传感器的优点是输入与输出之间呈线性关系，但灵敏度较低，所以适宜于测量较大的直线位移和角位移。

3.1.3 变介质型电容式传感器

变介质型电容式传感器的极距、有效作用面积不变，被测量的变化使其极板之间的介质情况发生变化。主要用于对容器中液面的高度、溶液的浓度以及某些材料的厚度、湿度、温度等的检测。图 3-6 所示的是变介质型电容式传感器常用的结构形式。

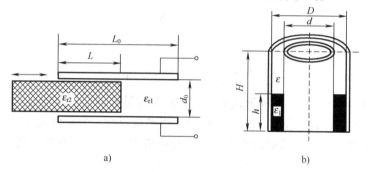

a)   b)

图 3-6 变介质型电容式传感器
a) 平面式 b) 圆柱式

图 3-6a 中两平行电极固定不动，极距为 d_0，相对介电常数为 ε_{r2} 的电介质以不同深度插入电容器中，从而改变两种介质的极板覆盖面积。传感器总电容量 C 为

$$C = C_1 + C_2 = \varepsilon_0 b_0 \frac{\varepsilon_{r1}(L_0 - L) + \varepsilon_{r2} L}{d_0} \tag{3-13}$$

式中 L_0 和 b_0——极板的长度和宽度（m）；

L——第二种介质进入极板间的长度（m）。

若电介质 $\varepsilon_{r1} = 1$，当 $L = 0$ 时，传感器初始电容为

$$C_0 = \frac{\varepsilon_0 \varepsilon_{r1} L_0 b_0}{d_0} = \frac{\varepsilon_0 L_0 b_0}{d_0} \tag{3-14}$$

当被测介质 ε_{r2} 进入极板间 L 深度后，引起电容相对变化量为

$$\frac{\Delta C}{C_0} = \frac{C - C_0}{C_0} = \frac{(\varepsilon_{r2} - 1)L}{L_0} \tag{3-15}$$

可见，电容量的变化与电介质 ε_{r2} 的移动量 L 成线性关系。

若传感器的极板为两同心圆筒（见图 3-6b），其液面以下部分介质为被测介质，相对介电常数为 ε_1；液面以上部分的介质为空气，相对介电常数近似为 1。传感器的电容为

$$C = \frac{2\pi\varepsilon_1 h}{\ln\dfrac{D}{d}} + \frac{2\pi\varepsilon(H - h)}{\ln\dfrac{D}{d}} = \frac{2\pi\varepsilon H}{\ln\dfrac{D}{d}} + \frac{2\pi h(\varepsilon_1 - \varepsilon)}{\ln\dfrac{D}{d}} = C_0 + \frac{2\pi h(\varepsilon_1 - \varepsilon)}{\ln\dfrac{D}{d}} \tag{3-16}$$

由此可见，电容 C 与液位 h 成线性关系，只要测出传感器电容 C 的大小，就可得到液位 h。

3.2　电容式传感器的测量转换电路

电容传感器将被测量的变化转换成电容的变化后，需要由后接的转换电路将电容的变化进一步转换成电压、电流或频率的变化。常用的转换电路主要有以下几种。

3.2.1　交流电桥

将电容传感器的两个电容作为交流电桥的两个桥臂，通过电桥把电容的变化转换成电桥输出电压的变化。电桥通常采用由电阻-电容、电感-电容组成的交流电桥，图 3-7 所示为电感-电容电桥。变压器的两个二次绕组 L_1、L_2 与差动电容器的两个电容 C_1、C_2 作为电桥的 4 个桥臂，由高频稳幅的交流电源为电桥供电。电桥的输出为一调幅值，经放大、相敏检波、滤波后，获得与被测量变化相对应的输出，最后由仪表显示记录。

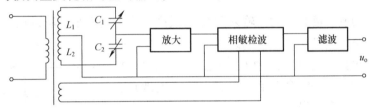

图 3-7　交流电桥转换电路

3.2.2　调频电路

图 3-8 所示的是调频式测量电路原理框图。传感器的电容作为振荡器谐振回路的一部分，当输入量导致电容量发生变化时，振荡器的振荡频率也随之发生变化，其输出信号经过限幅、鉴频和放大器放大后变成输出电压。虽然可将频率作为测量系统的输出量，用以判断被测非电量的大小，但此时系统是非线性的，不易校正，因此必须加入鉴频器，将频率的变化转换为电压振幅的变化，经过放大就可以用仪器指示或用记录仪记录下来。

图 3-8　调频式测量电路原理框图

图中调频振荡器的振荡频率为

$$f = \frac{1}{2\pi \sqrt{LC}} \tag{3-17}$$

式中　L——振荡回路的电感（H）；

　　　C——振荡回路的总电容（F），$C = C_1 + C_2 + C_x$，其中 C_1 为振荡回路固有电容，C_2 为传感器引线分布电容，$C_x = C_0 \pm \Delta C$ 为传感器的电容。

当被测信号为 0 时，$\Delta C = 0$，则 $C = C_1 + C_2 + C_0$，所以振荡器有一个固有频率 f_0，其表示式为

$$f_0 = \frac{1}{2\pi \sqrt{(C_1 + C_2 + C_0)L}} \qquad (3\text{-}18)$$

当被测信号不为 0 时，$\Delta C \neq 0$，振荡器频率有相应变化，此时频率为

$$f = \frac{1}{2\pi \sqrt{(C_1 + C_2 + C_0 \mp \Delta C)L}} = f_0 \pm \Delta f \qquad (3\text{-}19)$$

调频电容传感器测量电路具有抗干扰能力强、灵敏度高等优点，可以测量灵敏度高至 $0.01\mu m$ 级位移变化量。信号的输出频率易于用数字仪器测量，并与计算机通信，可以发送、接收，以达到遥测遥控的目的。其缺点是电缆电容、温度变化的影响很大，输出电压 U_o 与被测量之间的非线性一般要靠电路加以校正，因此电路比较复杂。

3.2.3　运算放大器式测量电路

运算放大器的放大倍数很大，输入阻抗 z_i 很高，输出电阻小，所以运算放大器作为电容式传感器的测量电路是比较理想的。图 3-9 所示的是运算放大器式测量电路原理图，图中 C_x 为电容式传感器电容；C_0 是固定电容，u_o 是输出信号电压，Σ 是虚地点。由运算放大器工作原理可得

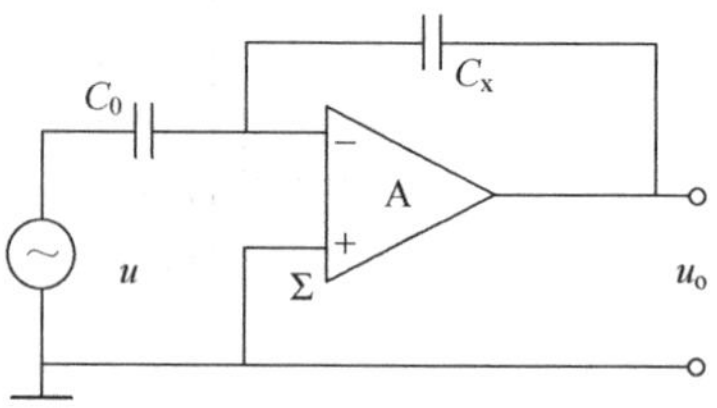

图 3-9　运算放大器
式测量电路原理图

$$u_o = -\frac{z_f}{z_0}u = -\frac{1/(j\omega C_x)}{1/(j\omega C_0)}u = -\frac{C_0}{C_x}u \qquad (3\text{-}20)$$

式中　z_0——C_0 的交流阻抗（Ω），$z_0 = \dfrac{1}{j\omega C_0}$；

　　　z_f——C_x 的交流阻抗（Ω），$z_f = \dfrac{1}{j\omega C_x}$。

如果传感器采用平板电容，则 $C_x = \varepsilon A/d$，代入式（3-20），可得

$$u_0 = -u\frac{C_0}{\varepsilon A}d \qquad (3\text{-}21)$$

式中，"$-$"号表示输出电压 u_0 的相位与电源电压反相。式（3-21）说明运算放大器的输出电压与极板间距离 d 成线性关系。运算放大器式电路虽解决了单个变极板间距离式电容传感器的非线性问题，但要求 z_i 及放大倍数足够大。为保证仪器精度，还要求电源电压 u 的幅值和固定电容 C_0 值稳定。

3.2.4　二极管双 T 形交流电桥测量电路

由电容式传感器和二极管组成的双 T 形交流电桥测量电路原理如图 3-10a 所示。e 是幅值为 U 的对称方波高频电源，VD_1、VD_2 为参数和特性完全相同的两只二极管，$R_1 = R_2 = R$ 为参数和特性完全相同的固定电阻，C_1、C_2 为传感器的两个差动电容。

电路的工作原理如下：当传感器没有输入信号时，$C_1 = C_2$。当 e 为正半周时，二极管

VD_1 导通、VD_2 截止，电容 C_1 充电，其等效电路如图 3-10b 所示；在随后负半周出现时，电容 C_1 上的电荷通过电阻 R_1 和负载电阻 R_L 放电，流过 R_L 的电流为 I_1。当 e 为负半周时，VD_2 导通、VD_1 截止，则电容 C_2 充电，其等效电路如图 3-10c 所示；在随后出现正半周时，C_2 通过电阻 R_2 和负载电阻 R_L 放电，流过 R_L 的电流为 I_2。根据上述假定的条件，则电流 $I_1 = I_2$，且方向相反，在一个周期内流过 R_L 的平均电流为零。

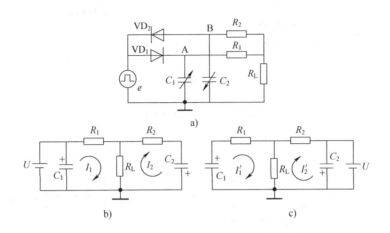

图 3-10　二极管双 T 形交流电桥

若传感器输入信号不为 0，则 $C_1 \neq C_2$，$I_1 \neq I_2$，此时在一个周期内通过 R_L 上的平均电流不为零，有电压信号输出。

除此之外，还有环形二极管充放电法测量电路、脉冲宽度调制电路测量电路等。

3.3　电容式传感器的应用

电容式传感器不但应用于位移、振动、角度、加速度及载荷等机械量的精密测量，还广泛应用于压力、差压力、液位、料位、湿度、成分含量等参数的测量。

3.3.1　电容式压力传感器

图 3-11a 所示为差动电容式压力传感器的结构图。图中所示膜片（测量膜片）为动电极，两个在凹形玻璃上的金属镀层（隔离膜片）为固定电极，构成差动电容膜盒，由膜片和金属镀层构成的密闭空间为压力室。

被测介质的两种压力通入高、低两压力室，作用在敏感元件的两侧隔离膜片上，通过隔离膜片和敏感元件内的填充液传到预张紧的测量膜片两侧。当两侧压力不一致时，致使测量膜片产生位移，引起两侧电容发生变化，通过电容/电流转换电路、放大电路转换成与压力成正比的 DC4～20mA 国际标准统一信号输出，可以直接与计算机接口卡、控制仪表、智能仪表或 PLC 等方便连接，广泛应用于工业过程控制、石油、化工、冶金等行业。图 3-12 所示为差动式电容压力传感器测量原理。

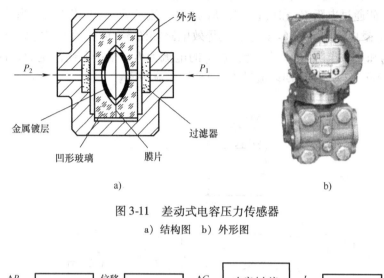

图 3-11　差动式电容压力传感器
a）结构图　b）外形图

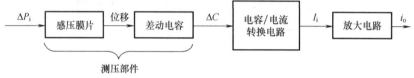

图 3-12　差动式电容压力传感器测量原理框图

3.3.2　电容式油量表

图 3-13 所示为电容式油量表示意图，可以用于测量油箱中的油位。油箱无油时，电容传感器的电容量 $C_x = C_{x0}$，调节 RP 的滑动臂位于 0 点，即 RP 的电阻为 0，此时，电桥满足 $C_0/C_{x0} = R_1/R_2$ 的平衡条件，电桥输出电压为零，伺服电动机不转动，油量表指针偏转角 $\theta = 0$。

当油箱中注入油时，液位上升至 h 处，电容的变化量 ΔC_x 与 h 成正比，电容为 $C_x = C_{x0} + \Delta C_x$。此时，电桥失去平衡，电桥的输出电压 U_o 经放大后驱动伺服电动机，由减速箱减速后带动指针顺时针偏转，同时带动 RP 滑动点滑动，使 RP 的阻值增

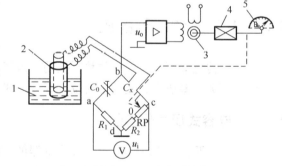

图 3-13　电容式油量表示意图
1—油料　2—电容器　3—伺服电动机
4—减速器　5—指示表盘

大。当 RP 阻值达到一定值时，电桥又达到新的平衡状态，$U_o = 0$，伺服电动机停转，指针停留在转角 θ_{x1} 处。可从油量刻度盘上直接读出油位的高度 h。

当油箱中的油位降低时，伺服电动机反转，指针逆时针偏转，同时带动 RP 滑动点滑动，使其阻值减少。当 RP 阻值达到一定值时，电桥又达到新的平衡状态，$U_o = 0$，于是伺服电动机再次停转，指针停留在转角 θ_{x2} 处。如此，可判定油箱的油量。

3.3.3　差动电容式测厚传感器

电容测厚传感器是用来对金属带材在轧制过程中厚度的检测，其工作原理是在被测带材的上下两侧各置放一块面积相等，与带材距离相等的极板，这样极板与带材就构成了两个电容器 C_1、C_2。把两块极板用导线连接起来成为一个极，而带材就是电容的另一个极，其总电容为 $C_1 + C_2$，如果带材的厚度发生变化，将引起电容量的变化，用交流电桥将电容的变化测出来，经过放大即可由电表指示测量结果。

差动电容式测厚传感器的测量原理框图如图 3-14 所示。音频信号发生器产生的音频信号，接入变压器 T 的一次绕组，变压器二次的两个绕组作为测量电桥的两臂，电桥的另外两桥臂由标准电容 C_0 和带材与极板形成的被测电容 C_x（$C_x = C_1 + C_2$）组成。电桥的输出电压经放大器放大后整流为直流，再经差动放大，即可用指示电表指示出带材厚度的变化。

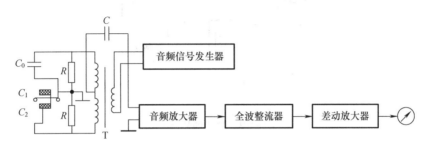

图 3-14　差动式电容测厚传感器的测量原理框图

3.3.4　电容式加速度传感器

图 3-15 所示为差动电容式加速度传感器结构图，当传感器壳体随被测对象沿垂直方向作直线加速运动时，质量块在惯性空间中相对静止，两个固定电极将相对于质量块在垂直方向产生大小正比于被测加速度的位移。此位移使两电容的间隙发生变化，一个增加，一个减小，从而使 C_1、C_2 产生大小相等、符号相反的增量，此增量正比于被测加速度。

电容式加速度传感器的主要特点是频率响应快和量程范围大，大多采用空气或其他气体作阻尼物质。

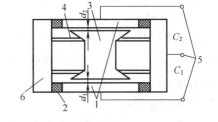

图 3-15　差动式电容加速度传感器结构图
1—固定电极　2—绝缘垫　3—质量块
4—弹簧　5—输出端　6—壳体

思考与练习

3-1　在两片间隙为 1mm 的两块平行极板的间隙中插入_____，可测得最大的电容量。

A. 塑料薄膜　　　B. 干的纸　　　C. 湿的纸　　　D. 玻璃薄片

3-2　电子卡尺的分辨率可达 0.01mm，量程可达 200mm，它的内部所采用的电容传感器形式是_____。

A. 变极距式　　　B. 变面积式　　　C. 变介电常数式

3-3　在电容传感器中，若采用调频法测量转换电路，则电路中_____。

A. 电容和电感均为变量　　　　　　　B. 电容是变量，电感保持不变

C. 电容保持常数，电感为变量　　　　D. 电容和电感均保持不变

3-4　用电容式传感器测量固体或液体物位时，应该选用_____。

A. 变间隙式　　　B. 变面积式　　　C. 变介电常数式

3-5　用电容式传感器测量位移时，应该选用_____。

A. 变间隙式　　　B. 变面积式　　　C. 变介电常数式

3-6　试分析并比较变面积式电容传感器和变间隙式电容传感器的灵敏度。为了提高传感器的灵敏度可采取什么措施，并应注意什么问题？

3-7　为什么说变间隙型电容传感器的特性是非线性的？采取什么措施可改善其非线性特征？

3-8　图3-16为电容式接近开关在料位测量控制中的应用，请简述这种电容传感器的工作过程。

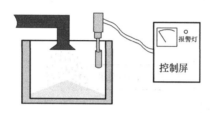

图3-16　料位测量控制

实训项目三　电容式传感器的位移特性试验

1. 试验目的

了解电容式传感器结构及其特点。

2. 试验原理

将差动电容传感器的两组电容片 C_{x1} 与 C_{x2} 作为双T形电桥的两臂，当两片电容之间发生位移时，则电容量 C_{x1} 与 C_{x2} 发生变化，桥路输出电压也发生变化，于是桥路输出电压的大小可以表示位移的大小。

3. 试验所需设备

电容式传感器试验模块、测微头、0~20V数显表、直流稳压源。

4. 试验步骤

1）接入 +15V、-15V 电源或用快捷插座一次接入。

2）按图3-17安装接好线，把测微头安装在测微头支架上，旋转测微头使电容动片基本居中。

3）将电容传感器试验模板的输出端OUT与数显表单元 V + 相接，RP_1 调节数显表为零。

4）旋动测微头推进向上或向下电容传感器动极板位置，每间隔0.2mm记下位移 X 与输出电压值，填入表3-1。

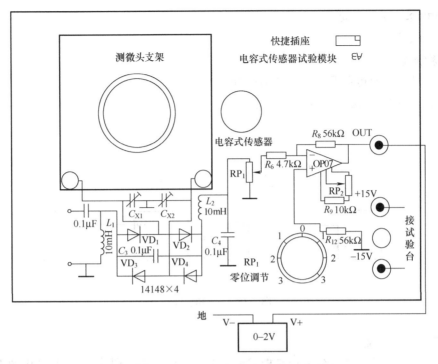

图 3-17　电容式传感器的位移特性试验

表 3-1　电容传感器位移与输出电压值

X/mm	0.2	0.4	0.6	0.8	1	1.2	1.4	1.6	1.8	2
U/mV										

5）根据表 3-1 数据计算电容传感器的系统灵敏度 S 和非线性误差 δ_f。

5. 思考题

试设计利用 ε 的变化测谷物湿度的传感器组成结构，并说明其原理。能否叙述一下在设计中应考虑哪些因素？

实训项目四　电容式传感器的压力检测

1. 试验目的

1）熟悉电容式传感器的结构和工作原理。

2）了解电容式传感器测量压力的方法。

2. 试验原理

当被测压力或压力差作用于膜片并产生位移时，所形成的两个电容器的电容量，一个增大，一个减小。该电容值的变化经测量电路转换成与压力或压力差相对应的电流或电压的变化。

3. 试验所需设备

离心泵 M2（1 台）、变频器（1 个）、压力变送器 BWG（0~300kPa1 个）、智能调节仪

AI-519AX3S-24VDC（1 块）。

4. 试验步骤

1）系统连线

①将系统的所有电源开关打在关的位置。

②按照图 3-18 试验电气图将系统接好。

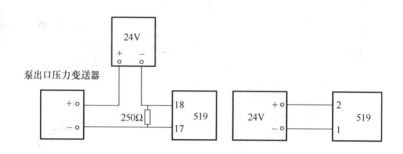

泵出口压力变送器

24V

250Ω

18　519

17

24V

2　519

1

图 3-18　试验电气图

2）启动试验装置

①将试验装置的对象部分和控制柜部分的电源插头分别接到单相 220V 的电源上。

②开启系统对象电源。依顺序接通对象部分的总电源断路器，电源总开关，离心泵电源开关，则电源指示灯亮。

③开启控制柜电源。接通控制柜的总电源断路器，总电压指示表指示 220V，接通总电源开关，总电源指示灯亮。

3）智能调节仪操作

在基本显示状态下按 ⟳ 键并保持约 2s 即可进入现场参数表。按 ▽ 键减小数据，按 △ 键增加数据。所修改数值位的小数点会闪动（如同光标）。按键并保持不放，可以快速地增加或是减少数值，并且速度会随小数点的右移自动加快。也可按 ◁ 键来直接移动修改数据的位置（光标），操作更快捷。持续按 ⟳ 键等现场参数显示完毕后将出现 Loc 参数，输入正确的密码：808，则可进入完整参数表。在完整参数表中，按下表设置好试验所需的仪表参数。待所有参数设置完毕，先按 ◁ 键不放，接着再按 ⟳ 键可直接退出参数设置状态。试验仪表参数设置见表 3-2。

表 3-2　智能调节仪参数表

序　号	参数名称	参　数　值	序　号	参数名称	参　数　值
1	InP	33	4	SCH	300
2	dPt	0.00	5	Scb	0
3	SCL	0	6	OPt	4～20

4）变频器操作

接通变频器电源，按下 RUN 按钮，转动旋钮调节变频器频率，使离心泵工作。

5）观察智能调节仪压力显示与压力变送器显示是否变化，完成压力检测试验。

6）试验完毕，断开所有电源开关。

5. 注意事项

1）试验设备连线时，要断开所有电源。

2）试验线路接好后，必须经指导老师检查认可后方可接通电源。

3）在试验暂停期间，应将阀门关闭，防止水箱内的水回流。

6. 思考题

1）该试验所用电容式传感器属于哪种类型的传感器？

2）简述压力变送器测量压力的工作过程。

第4章　电感式传感器

电感式传感器是利用线圈自感或互感系数的变化来实现非电量电测的一种装置。利用电感式传感器，能对位移、压力、振动、应变、流量等参数进行测量。它具有结构简单、灵敏度高、输出功率大、输出阻抗小、抗干扰能力强及测量精度高等一系列优点，因此在机电控制系统中得到广泛的应用。它的主要缺点是响应较慢，不宜于快速动态测量，而且传感器的分辨率与测量范围有关，测量范围大，分辨率低，反之则高。

电感式传感器种类很多，一般分为自感式和互感式两大类。习惯上讲的电感式传感器通常指自感式传感器，而互感式传感器由于是利用变压器原理，又往往做成差动形式，所以常称为差动变压器式传感器。

4.1　自感式传感器

将一只交流接触器线圈与交流毫安表串联，接到变压器的二次侧，如图4-1所示，这时线圈有电流流过，毫安表会有电流示值。用手慢慢将接触器活动衔铁往下按，我们会发现毫安表的读数逐渐减小，由电工的知识可知，忽略线圈的直流电阻时，流过线圈的交流电流为

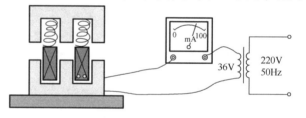

图4-1　带铁心线圈的气隙与电感量及电流的关系试验图

$$I = \frac{U}{Z} \approx \frac{U}{X_L} = \frac{U}{2\pi f L} \qquad (4\text{-}1)$$

由式4-1可知：当铁心的气隙较大时，磁路的磁阻也较大，线圈的电感量和感抗较小，所以电流较大。当铁心闭合时，磁阻变小、电感变大，电流减小。我们可以利用本例中自感量随气隙而改变的原理来制作测量位移的自感式传感器。

4.1.1　基本工作原理

1. 自感式传感器基本工作原理　图4-2是变气隙厚度式的自感式传感器的结构示意图。它由线圈、铁心和衔铁三部分组成。铁心和衔铁由导磁材料如硅钢片或坡莫合金制成，在铁心和衔铁之间有气隙，气隙厚度为δ，传感器的运动部分与衔铁相连。当衔铁移动时，气隙厚度δ发生改变，引起磁路中磁阻变化，从而导致电感线圈的电感值发生变化。因此，只要能测出电感线圈电感量的变化，就能确定衔铁位移量的大小和方向。

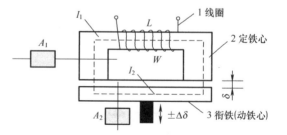

图4-2　自感式传感器结构图

图中 A_1、A_2 分别为定铁心和衔铁（动铁心）的截面积，δ 为气隙厚度，I 为通过线圈的电流（单位：A），W 为线圈的匝数。

线圈自感系数

$$L = \frac{W\Phi}{I} \tag{4-2}$$

磁路总磁阻为

$$R_m = \sum \frac{l_i}{\mu_i A_i} \tag{4-3}$$

式中　R_m——磁路总磁阻（Ω）；

　　　l_i——磁通通路的长度（m）；

　　　μ_i——磁导率（H/m）；

　　　A_i——气隙的有效截面积（m^2）。

由于空气的磁阻 R_{m0} 远大于铁磁物质的磁阻，所以略去铁心的磁阻后可得

$$R_m = \sum \frac{l_i}{\mu_i A_i} \approx \frac{2\delta}{\mu_0 A_0} \tag{4-4}$$

因此线圈自感系数可以写成

$$L = \frac{W^2}{R_m} = \frac{\mu_0 A_0 W^2}{2\delta} \tag{4-5}$$

可以看出，当线圈匝数 W 为常数时，线圈自感系数 L 只是磁路中磁阻 R_m 的函数，改变气隙厚度 δ 或气隙截面积 A_0 都会导致自感系数变化。因此自感式传感器又可分为变气隙厚度 δ 的传感器和变气隙面积 A_0 的传感器。目前使用最广泛的是变气隙厚度的自感式传感器。

自感式电感传感器常见的形式有变隙式、变截面式和螺线管式等三种，图 4-3 所示为自感式传感器的几种原理结构图。

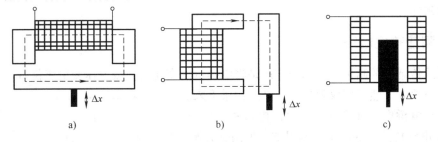

图 4-3　自感式电感传感器示意图

a）变隙式　b）变截面式　c）螺线管式

2. 差动螺管式传感器　差动螺管式（自感式）传感器的结构如图 4-4 所示。

差动螺管式（自感式）传感器是由两个完全相同的螺线管组成，活动铁心的初始位置处于线圈的对称位置，两侧螺线管Ⅰ、Ⅱ（匝数分别为 W_1、W_2）的初始电感量相等。因此由其组成的电桥电路在平衡状态时没有电流流过负载。两个

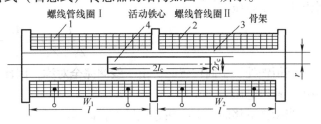

图 4-4　差动螺管式传感器的结构示意图

螺线管的初始电感量为

$$L_0 = L_{10} = L_{20} = \frac{\pi \mu_0 W^2}{l^2}[\, r^2 l + \mu_r r_c^2 l_c \,] \tag{4-6}$$

式中　L_{10}，L_{20}——线圈 I 、II 的初始电感值（H）。

当铁心移动 Δl（如左移）后，使左边电感值增加，右边电感值减小，即

$$L_1 = \frac{\pi \mu_0 W^2}{l^2}[\, r^2 l + \mu_r r_c^2 (l_c + \Delta l) \,] \tag{4-7}$$

$$L_2 = \frac{\pi \mu_0 W^2}{l^2}[\, r^2 l + \mu_r r_c^2 (l_c - \Delta l) \,] \tag{4-8}$$

所以求得每只线圈的灵敏度为

$$k = \frac{\Delta L}{\Delta l} = \frac{L - L_0}{\Delta l} = \frac{\pi \mu_0 \mu_r W^2 r_c^2}{\Delta l} = \frac{L_0}{l_0} \frac{l_c}{\dfrac{\pi \mu_0 W^2}{l^2}(r^2 L + \mu_r r_c^2 l_0)} \frac{\pi \mu_0 \mu_r W^2 r_c^2}{l^2}$$

$$= \frac{L_0}{l_0} \frac{1}{\dfrac{r^2 L + \mu_r r_c^2 l_c}{\mu_r r_c^2 l_c}} = \frac{L_0}{l_0} \frac{1}{1 + \dfrac{l}{l_c}\left(\dfrac{r}{r_c}\right)^2 \dfrac{1}{\mu_r}} \tag{4-9}$$

从式 4-5 可以看出，为了得到较大的 L_0 值，l_c 和 r_c 值必须取得大些，但是为了得到较高的灵敏度，l_c 值不宜取得太大，通常取 $l_c \leqslant 1/2$。铁心材料的选取取决于激励电源的频率。一般情况下，当激励电源的频率在 500Hz 以下时，铁心材料多用合金钢；当激励电源的频率在 500Hz 以上时，铁心材料可用坡莫合金；当激励电源的频率在更高频率下使用时，可以选用铁氧体。

4.1.2　测量转换电路

电感式传感器的测量转换电路作用是将电感量的变化转换成电压或电流信号，以便送入放大器进行放大，然后用仪表指示出来或记录下来。

变压器电桥电路如图 4-5 所示，相邻两工作臂 Z_1、Z_2 是差动电感传感器的两个线圈阻抗。另两臂为激励变压器的二次绕组。输入电压为 U_i，输出电压取自 A、B 两点。假定 D 点为参考电位，且传感线圈为高 Q（线圈品质因数）值，即线圈直流电阻远小于其感抗，则可以推导其输出电压为

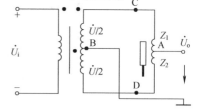

图 4-5　变压器电桥电路

$$\dot{U}_o = \dot{U}_{AD} - \dot{U}_{BD} = \frac{Z_2}{Z_1 + Z_2}\dot{U} - \frac{\dot{U}}{2} = \frac{\dot{U}(Z_2 - Z_1)}{2(Z_1 + Z_2)} \tag{4-10}$$

当衔铁处于中间位置时，由于线圈完全对称，因此 $L_1 = L_2 = L_0$，$Z_1 = Z_2 = Z_0$，此时电桥平衡，输出电压 $U_o = 0$。

当衔铁下移时，下线圈感抗增加，即 $Z_2 = Z_0 + \Delta Z$，而上线圈感抗减小为 $Z_1 = Z_0 - \Delta Z$，此时输出电压为

$$\dot{U}_o = \frac{\Delta Z}{2Z_0}\dot{U} \tag{4-11}$$

因为 Q 值很高，线圈直流电阻可以忽略，所以

$$\dot{U}_o \approx \frac{j\omega\Delta L}{2j\omega L_0}\dot{U} = \frac{\dot{U}}{2L_0}\Delta L \tag{4-12}$$

同理，衔铁上移时，可推得

$$\dot{U}_o \approx -\frac{\dot{U}}{2L_0}\Delta L \tag{4-13}$$

综合以上两式可得

$$\dot{U}_o = \pm\frac{\dot{U}}{2L_0}\Delta L \tag{4-14}$$

上式中的负号表示输出电压的相位随位移方向不同而与激励源电压同相或反向（相位相差180°）。然而若在转换电路的输出端接上普通指示仪表时，实际上却无法判别输出的相位和位移方向，而需要用到相敏检波电路。

4.2　差动变压器式传感器

差动变压器是把被测的非电量变化转换成线圈互感量的变化。这种传感器是根据变压器的基本原理制成的，并且二次绕组用差动的形式连接，故称之为差动变压器式传感器。差动变压器结构形式较多，有变隙式、变面积式和螺线管式等，图4-6所示为这几种差动变压器的结构示意图。在非电量测量中，应用最多的是螺线管式差动变压器，它可以测量 1 ~ 100mm 机械位移，并具有测量精度高、灵敏度高、结构简单、性能可靠等优点。

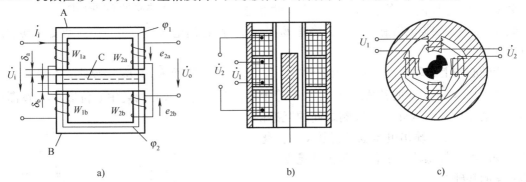

图4-6　差动变压器的结构示意图

a）变隙式差动变压器　b）螺线管式差动变压器　c）变面积式差动变压器

4.2.1　基本工作原理

1. 螺线管式差动变压器的工作原理　螺线管式差动变压器的结构如图4-7所示，主要由

线圈和插入线圈中的铁心组成。变压器由一次绕组（即励磁绕组，相当于变压器一次侧）P和二次绕组（相当于变压器的二次侧）S_1、S_2 组成；线圈中心插入圆柱形铁心（衔铁）b。其中，图4-7a为三段式差动变压器，图4-7b为两段式差动变压器。

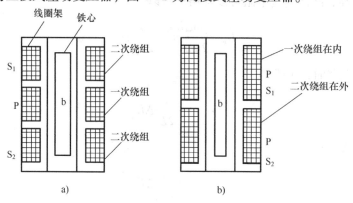

图4-7　螺线管式差动变压器结构示意图

a）三段式结构　b）两段式结构

螺线管式差动变压器传感器中的两个二次绕组反相串联，并且在忽略铁损、导磁体磁阻和线圈分布电容的理想条件下，其等效电路如图4-8所示。当一次绕组中加上一定的交变电压 $\dot{E}_P$时，根据变压器的工作原理，在两个二次绕组S_1、S_2 中分别产生相应的感应电压 $\dot{E}_{S1}$ 和 $\dot{E}_{S2}$，其大小与铁心在螺管中所处位置有关。由于 $\dot{E}_{S1}$ 与$\dot{E}_{S2}$ 反相串接，其输出电压 $\dot{E}_S = \dot{E}_{S1} - \dot{E}_{S2}$。

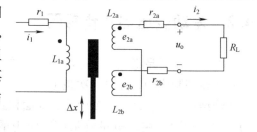

图4-8　螺线管式差动
变压器的等效电路图

如果工艺上保证变压器结构完全对称，则当活动衔铁处于初始平衡位置时，必然会使两互感系数 $M_1 = M_2$。根据电磁感应原理，将有 $\dot{E}_{S1} = \dot{E}_{S2}$，则输出电压 $\dot{E}_S = 0$，即差动变压器输出电压为零。

当铁心向上运动时，由于磁阻的影响，使 $M_1 > M_2$，因而 $\dot{E}_{S1} > \dot{E}_{S2}$。反之，当铁心向下运动时，$\dot{E}_{S1} < \dot{E}_{S2}$，这两种情况下 $\dot{E}_S$ 都不等于零，而且随着铁心偏离中心位置，$\dot{E}_S$ 逐渐增加。差动变压器一次侧、二次侧之间的互感随铁心位移 x 变化，输出电压也必将随 x 而变化。差动变压器式传感器的工作原理正是建立在互感变化的基础上。

图4-9a给出了差动变压器输出电压与活动衔铁位移的关系曲线。图中实线为理论特性曲线，虚线为实际特性曲线。图4-9b给出了铁心位置从中心向上或向下移动时，输出电压的相位变化。

由图4-9可以看出，理想情况下，当衔铁位

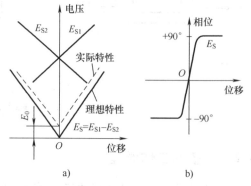

图4-9　差动变压器输出电压特性曲线

于中心位置时，两个二次绕组感应电压大小相等、方向相反，差动输出电压为零。对于实际的差动变压器，当铁心处于中心位置时，输出电压不是零而是 E_0，E_0 称为零点残余电压，它的存在使传感器的输出特性不经过零点，造成实际特性与理论特性不完全一致。因此实际差动变压器输出特性如图 4-9a 中的虚线所示。

零点残余电压是反映差动变压器式传感器性能的重要指标之一。其产生的原因很多：差动变压器本身制作上的问题（材料、工艺差异）；导磁体靠近的安装位移；铁心长度；励磁频率的高低等。零点残余电压还有以二次、三次为主的谐波成分。零点残余电压的存在，使传感器的灵敏度降低，分辨率变差和测量误差增大。提高二次侧两绕组的对称性（包括结构和匝数等），输出端用相敏检测和采用电路补偿方法，可以减小零点残余电压影响。

2. 基本特性　差动变压器等效电路如图 4-8 所示。假设在一次绕组加上角频率为 ω、大小为 U 的励磁电压，在一次绕组中产生的电流为 I_1，并且一次绕组的直流电阻和漏电感分别为 r_1、L_1，则当二次侧开路时，由等效电路图可以得到

$$\dot{I} = \frac{\dot{U}}{r_1 + j\omega L_1} \tag{4-15}$$

根据电磁感应定律，二次绕组中感应电势的表达式分别为

$$\dot{E}_{S1} = -j\omega M_1 \dot{I}_1 \tag{4-16}$$

$$\dot{E}_{S2} = -j\omega M_2 \dot{I}_1 \tag{4-17}$$

式中　M_1、M_2——一次绕组与两个二次绕组间的互感（H）。

由于两个二次绕组反相串联，由以上关系可得

$$\dot{U}_o = \dot{E}_{S1} - \dot{E}_{S2} = -\frac{j\omega(M_1 - M_2)\dot{U}}{r_1 + j\omega L_1} \tag{4-18}$$

输出电压的有效值为

$$U_o = \frac{\omega(M_1 - M_2)U}{\sqrt{r_1^2 + (\omega L_1)^2}} \tag{4-19}$$

式 (4-19) 说明，差动变压器的输出电压与互感量的相对变化成正比。因此，只要求出互感 M_1 和 M_2 对活动衔铁位移 x 的关系式，再代入式 4-18 即可得到螺线管式差动变压器的基本特性表达式。

下面分三种情况进行讨论：

1) 当活动衔铁处于中间位置时，$M_1 = M_2 = M$，则 $U_o = 0$

2) 当活动衔铁向上移动时，$M_1 = M + \Delta M$，$M_2 = M - \Delta M$，则

$$U_o = \frac{2\omega \Delta M U}{\sqrt{r_1^2 + (\omega L_1)^2}} \tag{4-20}$$

与 E_{S1} 同极性。

3) 当活动衔铁向下移动时，$M_1 = M - \Delta M$，$M_2 = M + \Delta M$，则

$$U_o = -\frac{2\omega\Delta MU}{\sqrt{r_1^2 + (\omega L_1)^2}} \qquad (4\text{-}21)$$

与 E_{S2} 同极性。

可见，差动变压器输出电压的大小反映了铁心位移的大小，输出电压的极性反映了铁心运动的方向。

4.2.2　测量转换电路

差动变压器的输出是交流电压，若用交流电压表测量，只能反映衔铁位移的大小，不能反映移动的方向。另外，其测量值中将包含零点残余电压。为了达到能辨别移动方向和消除零点残余电压的目的，实际测量时，常常采用差动整流电路和相敏检波电路。

1. 差动整流电路　图 4-10 所示是两种半波整流差动输出电路的形式，差动变压器的两个二次输出电压分别进行半波整流，将整流后的电压或电流的差值作为输出。图 4-10a 适用于交流阻抗负载，图 4-10b 适用于低阻抗负载，电阻 R_0 用于调整零点残余电压。

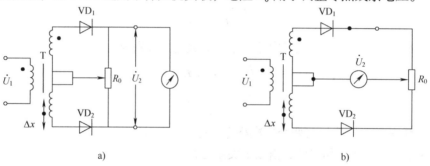

图 4-10　差动整流电路

a）半波电压输出　b）半波电流输出

差动整流电路还可以接成全波电压输出和全波电流输出的形式。

差动整流电路结构简单，根据差动输出电压的大小和方向就可以判断出被测量（如位移）的大小和方向，不需要考虑相位调整和零点残余电压的影响，分布电容影响小，便于远距离传输，因而获得广泛应用。

2. 相敏检波电路　图 4-11a 所示为相敏检波电路的原理图。图中 VD_1、VD_2、VD_3、VD_4 为四个性能相同的二极管，以同一方向串联接成一个闭合回路，形成环形电桥。输入信号 u_2（差动变压器式传感器输出的调幅波电压）通过变压器 T_1 加到环形电桥的一个对角线上。参考信号 u_s 通过变压器 T_2 加到环形电桥的另一个对角线上。输出信号 u_o 从变压器 T_1 与 T_2 的中心抽头引出。图中平衡电阻 R 起限流作用，以避免二极管导通时变压器 T_2 的二次电流过大。R_L 为负载电阻。u_s 的幅值要远大于输入信号 u_2 的幅值，以便有效控制四个二极管的导通状态，且 u_s 和差动变压器式传感器励磁电压 u_1 由同一振荡器供电，保证二者同频、同相（或反相）。

根据变压器的工作原理，考虑到 O、M 分别为变压器 T_1、T_2 的中心抽头，则

$$u_{s1} = u_{s2} = \frac{u_s}{2n_2} \qquad (4\text{-}22)$$

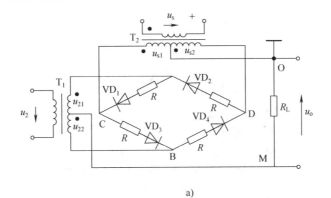

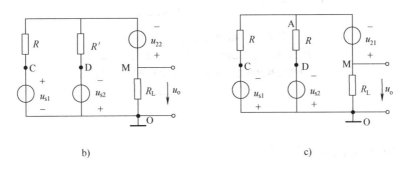

图 4-11 相敏检波电路

a) 相敏检波电路原理图 b) u_2、u_s 均为正半周时的等效电路

c) u_2、u_s 均为负半周时的等效电路

$$u_{21} = u_{22} = \frac{u_1}{2n_1} \tag{4-23}$$

式中 n_1、n_2——变压器 T_1、T_2 的电压比。

采用电路分析的基本方法,可求得如图 4-11b 所示电路的输出电压 u_o 的表达式为

$$u_o = -\frac{r_L u_{22}}{\dfrac{R}{2} + R_L} = \frac{R_L u_1}{n_1(R + 2R_L)} \tag{4-24}$$

同理当 u_2 与 u_s 均为负半周时,二极管 VD_2、VD_3 截止,VD_1、VD_4 导通。其等效电路如图 4-11c 所示。输出电压 u_o 表达式与式 4-24 相同。说明只要位移 $\Delta x > 0$,不论 u_2 与 u_s 是正半周还是负半周,负载电阻 R_L 两端得到的电压 u_o 始终为正。

当 $\Delta x < 0$ 时,u_2 与 u_s 为同频、反相。采用上述相同的分析方法不难得到当 $\Delta x < 0$ 时,不论 u_2 与 u_s 是正半周还是负半周,负载电阻 R_L 两端得到的输出电压 u_o 表达式总是

$$u_o = -\frac{R_L u_2}{n_1(R + 2R_L)} \tag{4-25}$$

此外,交流电桥也是常用的测量电路。图 4-12 是相敏检波器的各点电压波形。

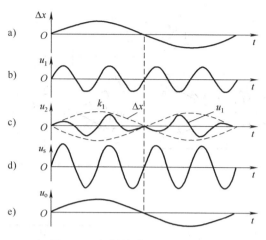

图 4-12　相敏检波器的电压波形

a）被测位移变化波形图　b）差动变压器励磁电压波形

c）差动变压器输出电压波形　d）相敏检波解调电压波形

e）相敏检波输出电压波形

4.3　电感式传感器的应用

　　电感式传感器主要用于测量微位移，凡是能转换成位移量变化的参数，如力、压力、压差、振动、加速度、应变、流量、厚度、液位等都可以用电感式传感器来进行测量。

　　1. 位移测量　图 4-13 所示为轴向式电感测微仪的结构图。测量时测端接触被测物，被测物尺寸的微小变化使衔铁在差动线圈中产生位移，造成差动线圈电感量的变化，此电感变化通过电缆接到电桥，电桥的电压输出反映了被测物体尺寸的变化。

　　2. 微压力测量　图 4-14 所示为差动变压器式微压力传感器，它适用于测量各种生产流程中液体、水蒸气及气体压力。当被测压力未导入传感器时，膜盒无位移。这时，活动衔铁在差动线圈中间位置，输出电压为零。当被测压力从输入口导入膜盒时，膜盒在被测介质的压力作用下，其自由端产生一个正比于被测压力的位移，测杆使衔铁向上位移，在差动线圈中产生电感量的变化从而有电压输出，此电压经过处理后，送给二次仪表显示。

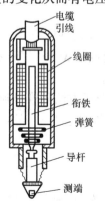

图 4-13　轴向式电感测微仪器结构图

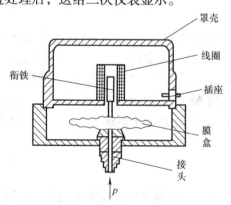

图 4-14　差动变压器式微压力传感器结构图

3. **加速度测量** 图 4-15 所示为差动变压器式加速度传感器的原理结构示意图。它由悬臂梁和差动变压器构成。测量时，将悬臂梁底座及差动变压器的线圈骨架固定，而将衔铁的 A 端与被测振动体相连，此时传感器作为加速度测量中的惯性元件，它的位移与被测加速度成正比，使加速度测量转变为位移的测量。当被测体带动衔铁以 $\Delta x(t)$ 振动时，导致差动变压器的输出电压也按相同规律变化。

4. **压力测量** 图 4-16 所示为差动变隙式自感压力传感器，当被测压力进入 C 形弹簧管时，C 形弹簧管产生变形，其自由端发生位移，带动与自由端连接成一体的衔铁运动，使线圈 1 和线圈 2 中的电感发生大小相等、符号相反的变化，即一个电感量增大，另一个电感量减小。电感的这种变化通过电桥电路转换成电压输出。由于输出电压与被测压力之间成比例关系，所以只要用检测仪表测量出输出电压，即可得知被测压力的大小。

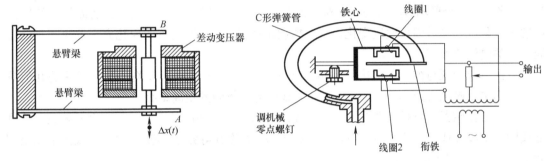

图 4-15　差动变压器式加速度传感器结构图　　　图 4-16　差动变隙式自感压力传感器结构图

5. **厚度测量** 图 4-17 所示为自感式测厚仪，采用差动结构，其测量电路为带相敏检波的交流电桥。当被测物的厚度发生变化时，引起测杆上下移动，带动衔铁产生位移，从而改变了上、下气隙的距离，使线圈的电感量发生相应的变化，此电感变化量经过带相敏检波的交流电桥测量后，送测量仪表显示，其大小与被测物的厚度成正比。

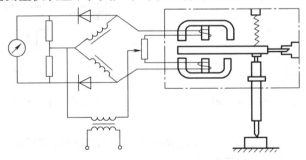

图 4-17　差动变隙式自感式测厚仪结构图

4.4　电涡流式传感器

对于置于变化磁场中的块状金属导体或在磁场中作切割磁力线的块状金属导体，在其内部将会产生旋涡状的感应电流，此现象称为电涡流效应，该旋涡状的感应电流称为电涡流，简称涡流。

根据电涡流效应原理制成的传感器称为电涡流式传感器。利用电涡流传感器可以实现对位移、材料厚度、金属表面温度、应力、速度以及材料损伤等进行非接触式的连续测量，并且这种测量方法具有灵敏度高、频率响应范围宽、体积小等一系列优点。

按照电涡流在导体内贯穿的情况，可以把电涡流传感器分为高频反射式和低频透射式两类。其工作原理是相似的。

4.4.1 基本工作原理

1. 电涡流的形成 如图 4-18 所示，若有一块电导率为 ρ、磁导率为 μ、厚度为 t、温度为 T 的金属导体板，邻近金属板一侧 x 处有一半径为 r 的线圈，当线圈中通以正弦交变电流 I_1 时，线圈周围空间必然产生正弦交变磁场 H_1，使置于此磁场中的金属导体中感应电涡流 I_2，又将产生一个磁场 H_2。由于 H_2 对线圈的反作用（减弱线圈原磁场），从而导致线圈的电感量、阻抗和品质因数发生变化。根据楞次定律可知，线圈阻抗的变化完全取决于被测金属导体的电涡流效应。

电涡流效应既与被测体的电阻率 ρ、磁导率 μ 以及几何形状有关，还与线圈的几何参数、线圈中励磁电流频率 f 有关，同时还与线圈与导体间的距离 x 有关。

电涡流传感器实质是一个线圈—导体系统。系统中，线圈的阻抗是一个多元函数，若励磁线圈和金属导体材料确定后，可使 ρ、μ、t、r、I 及 ω 等参数不变，则此时线圈的阻抗 Z 就成为距离 x 的单值函数，即

$$Z = f(x) \tag{4-26}$$

这就是电涡流传感器测位移的原理。图 4-19 所示的是涡流式传感器的结构示意图。

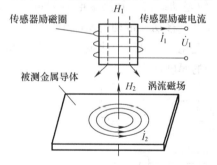

图 4-18 电涡流式传感器原理图

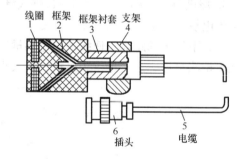

图 4-19 电涡流式传感器的结构图

2. 电涡流传感器等效电路分析 由线圈—金属导体系统构成的电涡流传感器可以用图 4-20 所示的等效电路来分析。线圈回路的电阻为 R_1，电感为 L_1，励磁电流为 $\dot{I}_1$，励磁电压为 $\dot{E}$；金属导体中的电涡流等效为一个短路线圈构成另一回路，涡流电阻为 R_2，涡流环路电感为 L_2，电涡流为 $\dot{I}_2$；线圈和导体之间的互感系数为 M，互感系数 M 受线圈与导体之间距离的影响。

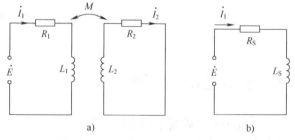

图 4-20 电涡流式传感器等效电路

由图 4-20 所示的等效电路，根据基尔霍夫定律，可以列出电路方程组为

$$\begin{cases} R_1\dot{I}_1 + j\omega L_1\dot{I}_1 - j\omega M\dot{I}_2 = \dot{E} \\ -j\omega M\dot{I}_1 + R_2\dot{I}_2 + j\omega L_2\dot{I}_2 = 0 \end{cases} \tag{4-27}$$

两式联立解得

$$\begin{cases} \dot{I}_1 = \dfrac{\dot{E}}{R_1 + \dfrac{\omega^2 M^2 R_2}{R_2^2 + (\omega L_2)^2} + j\omega\left[L_1 - \dfrac{\omega^2 M^2 L_2}{R_2^2 + (\omega L_2)^2} \right]} = \dfrac{\dot{E}}{Z} \\ \dot{I}_2 = j\omega\dfrac{M\dot{I}_1}{R_2 + j\omega L_2} = \dfrac{M\omega^2 L_2\dot{I}_1 + j\omega M R_2\dot{I}_1}{R_2^2 + (\omega L_2)^2} \end{cases} \tag{4-28}$$

解得等效阻抗 Z 的表达式为

$$Z = R_1 + \frac{\omega^2 M_2 R_2}{R_2^2 + (\omega L_2)^2} + j\omega\left(L_1 - \frac{\omega^2 M^2 L_2}{R_2^2 + (\omega L_2)^2} \right) = R_S + j\omega L_S \tag{4-29}$$

3. 电涡流形成范围　为了得到线圈—金属导体系统的输出特性，必须知道金属导体上的电涡流的分布情况，但电涡流的分布是不均匀的，电涡流密度不仅是距离 x 的函数，而且电涡流只能在金属导体的表面薄层内形成，在半径方向上也只能在有限的范围内形成电涡流。

1）电涡流的径向形成范围　线圈—导体系统产生的电涡流密度既是线圈与导体间距离 x 的函数，又是沿线圈半径方向 r 的函数。当距离 x 一定时，电涡流密度 J 与线圈半径 r 的关系曲线如图 4-22 所示（图中 J_0 为金属导体表面电涡流密度，即电涡流密度最大值。J_r 为半径 r 处的金属导体表面电涡流密度）。由图 4-21 可知：

①电涡流径向形成范围大约在传感器线圈外径 r_{as} 的 1.8 ~ 2.5 倍范围内，且分布不均匀。

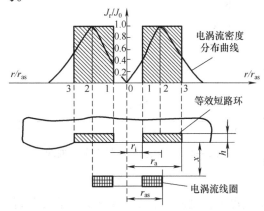
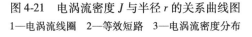

图 4-21　电涡流密度 J 与半径 r 的关系曲线图
1—电涡流线圈　2—等效短路　3—电涡流密度分布

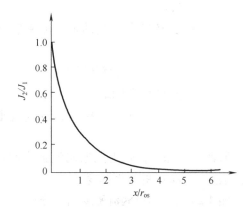

图 4-22　电涡流强度与 x/r_{os} 关系曲线

②电涡流密度在 $r_i = 0$ 处为零；在传感器线圈中心的轴线附近，电涡流密度很小，可以看作一个孔；在距离传感器线圈外径 r_{as} 的 1.8 ~ 2.5 倍范围内，电涡流密度则大约衰减为最大值的 5%。

③电涡流的最大值在 $r = r_{as}$ 附近的一个狭窄区域内。

④可以用一个平均半径为 $r_{as}\left(r_{as} = \dfrac{r_a + r_i}{2}\right)$ 的短路环来集中表示分散的电涡流（图 4-22 中阴影部分）。

2）电涡流强度与距离的关系　当 x 改变时，电涡流密度也发生变化，即电涡流强度随距离 x 的增大而迅速减小。根据线圈—导体系统的电磁作用，可以得到金属导体表面的电涡流强度为

$$I_2 = I_1\left[I - \frac{x}{\sqrt{x^2 + r_{as}^2}}\right] \tag{4-30}$$

式中　I_1——励磁线圈中的电流（A）；

　　　I_2——金属导体中涡流的等效电流（A）；

　　　x——励磁线圈到金属导体表面的距离（m）；

　　　r_{as}——线圈的外径（m）。

根据式 4-30 可以画出电涡流与 x/r_{os} 的关系曲线，如图 4-22 所示。图中曲线表明，电涡流强度与距离 x 呈非线性关系，且随着 x/r_{as} 的增加而迅速减小。在导体与线圈间的距离 x 大于线圈的外半径 r_{os} 处，所产生的电涡流已很微弱，为了能产生相当强的电涡流效应，应使 $x/r_{os} < 1$，一般取 $x/r_{os} = 0.05 \sim 0.15$。

3）电涡流的轴向贯穿深度　由于趋肤效应，磁场不能透过所有厚度的金属导体。当磁场进入导体后，磁场强度随着离表面的距离增大而按指数衰减，所以电涡流密度在金属导体中轴向分布也是按指数规律衰减的，可用下式表示：

$$J_d = J_0 e^{-\frac{d}{h}} \tag{4-31}$$

式中　d——金属导体中某一点与表面的距离（m）；

　　　J_d——沿 H_1 轴向 d 处的电涡流密度（A/ m^2）；

　　　J_0——金属导体表面电涡流密度，即电涡流密度最大值（A/m^2）；

　　　h——电涡流轴向贯穿的深度（趋肤深度）（m）。

所谓贯穿深度，是指把电涡流强度减小到表面强度的 $1/e$ 处的表面厚度。

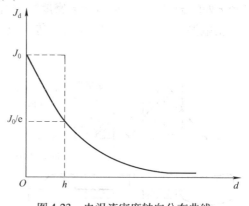

图 4-23　电涡流密度轴向分布曲线

图 4-23 所示为电涡流密度轴向分布曲线。由图可见，电涡流密度主要分布在表面附近。

4.4.2　测量转换电路

用于电涡流传感器的测量电路主要有调频式、调幅式电路两种。

1. 调频式电路　调频式测量原理电路如图 4-24 所示，电涡流传感器的电感线圈就是励磁振荡器的一个振荡元件。利用调频谐振电路的特点，线圈电感量的变化可以直接使振荡器的振荡频率发生变化，从而实现频率调制。该变化的频率是距离 x 的函数，即 $f = L（x）$，

然后通过鉴频器及附加电路将频率的变化再变成电压输出。

为了避免输出电缆的分布电容的影响，通常将 L、C 装在传感器内。此时电缆分布电容并联在大电容 C_2、C_3 上，因而对振荡频率 f 的影响将大幅减小。

2. 调幅式电路　以传感线圈与调谐电容组成并联 LC 谐振回路，由石英震荡器提供高频励磁电流，测量电路的输出电压正比于 LC 谐振电路的阻抗 Z，励磁电流和谐振阻抗 Z 越大，输出电压越高。初态时，传感器远离被测体，调整 LC 回路谐振频率等于石英晶体振荡器频率。

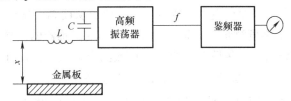

图 4-24　调频式测量电路原理图

由传感器线圈 L、电容器 C 和石英晶体组成的石英晶体振荡电路如图 4-25 所示。石英晶体振荡器起恒流源的作用，给谐振回路提供一个频率（f_0）稳定的激励电流 i_o，LC 回路输出电压为

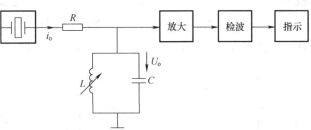

图 4-25　调幅式测量电路示意图

$$U_o = i_o f(Z) \tag{4-32}$$

式中　Z——LC 回路的阻抗（Ω）。

当金属导体远离或去掉时，LC 并联谐振回路的谐振频率即为石英振荡频率 f_0，回路呈现的阻抗最大，谐振回路上的输出电压也最大；当金属导体靠近传感器线圈时，线圈的等效电感 L 发生变化，导致回路失谐，从而使输出电压降低，L 的数值随距离 x 的变化而变化。因此，输出电压也随 x 而变化。输出电压经放大、检波后，由指示仪表直接显示出 x 的大小。

4.4.3　电涡流式传感器的应用

1. 尺寸测量　电涡流传感器可以测量试件的几何尺寸。如图 4-26a 所示，使被测工件通过传送线，几何尺寸不合格（过大或小）的工件通过电涡流传感器时，传感器会输出不同的信号。图 4-26b 为工件表面粗糙度的测量，当表面不平整时，传感器输出信号有波动。

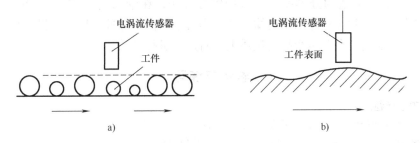

图 4-26　电涡流传感器测量尺寸

a) 工件几何尺寸测量　b) 工件表面粗糙度测量

2. **振动测量**　电涡流式传感器可以无接触地测量各种振动的振幅频谱分布。在汽轮机、空气压缩机中常用电涡流式传感器来监控主轴的径向、轴向振动，也可以测量发动机涡流叶片的振幅。在研究机器振动时，常常采用将多个传感器放置在机器的不同部位进行检测的方法，得到各个位置的振幅值、相位值，从而画出振形图。测量方法如图 4-27 所示。

3. **厚度测量**　低频透射式涡流厚度传感器的结构原理如图 4-28 所示。在被测金属板的上方设有发射传感器线圈 L_1，在被测金属板下方设有接收传感器线圈 L_2。当 L_1 上加低频电压 $\dot{U}_1$ 时，L_1 上产生交变磁通 Φ_1，若两线圈间无金属板，则交变磁通直接耦合至 L_2 中，L_2 产生感应电压 $\dot{U}_2$。如果将被测金属板放入两线圈之间，则 L_1 线圈产生的磁场将导致在金属板中产生电涡流，并将贯穿金属板，此时磁场能量受到损耗，使到达 L_2 的磁通将减弱为 Φ_1'，从而使 L_2 产生的感应电压 $\dot{U}_2$ 下降。金属板越厚，涡流损失就越大，电压 $\dot{U}_2$ 就越小。因此，可根据 $\dot{U}_2$ 电压的大小得知被测金属板的厚度。

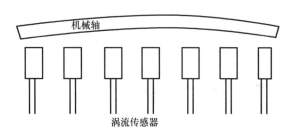

图 4-27　振幅测量示意图

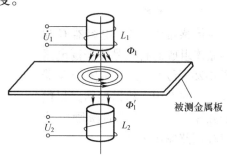

图 4-28　透射式涡流厚度传感器结构原理图

4. **转速测量**　电涡流式转速传感器工作原理如图 4-29 所示。在转轴上开一键槽，在距输入表面 d_0 处设置电涡流传感器，输入轴与被测旋转轴相连。轴转动时便能检出传感器与轴表面的间隙变化，从而得到相对于键槽的脉冲信号，经放大、整形后，获得相对于键槽的脉冲方波信号，然后可由频率计计数并指示频率值，即转速（其脉冲信号频率与轴的转速成正比）。

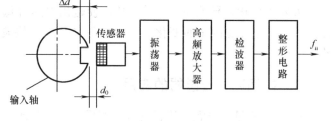

图 4-29　电涡流式转速
传感器工作原理图

为了提高转速测量的分辨率，可采用细分方法，在轴圆周上增加键槽数。开一个键槽，转一周输出一个脉冲；开四个键槽，转一周可输出四个脉冲，以此类推。用同样的方法可将电涡流传感器安装在金属产品输送线上，对产品进行计数。

思考与练习

4-1　单项选择题：

1）与变隙式相比螺线管式自感传感器一般用于测量（　　）量。

A. 微小线位移　　　　B. 较大线位移　　　　C. 角位移量　　　　D. 转速

2）螺线管式自感传感器采用差动结构是为了（　　）。

A. 加长线圈的长度从而增加线性范围　　　　B. 提高灵敏度，减小温漂

C. 降低成本　　　　　　　　　　　　　　　　D. 增加线圈对衔铁的吸引力

3）为了使螺线管差动变压器式传感器具有较好的线性度，通常是（　　　）。

A. 取测量范围为线圈骨架的 1/10 左右　　　　B. 取测量范围为线圈骨架的 1/2 左右

C. 励磁电流频率采用中频　　　　　　　　　　D. 励磁电流频率采用高频

4）差动变压器式传感器有变隙式、变面积式和螺线管式等几种结构类型，其中最常用的是（　　　）差动变压器。

A. 变隙式　　　　　　B. 变面积式　　　　　　C. 螺线管　　　　　　D. 变隙式和螺线管式

5）关于电涡流传感器说法不正确的是（　　　）。

A. 电涡流传感器是基于电磁感应原理工作的

B. 电涡流传感器是由涡流线圈和支架构成的

C. 电涡流传感器可以实现无接触测量

D. 电涡流传感器只测量静态量，不能测量动态量。

6）测得电涡流线圈的直流电阻为 50Ω，它在 1MHz 时的等效电阻（周围不存在导电物体）将上升到（　　　）左右。

A. 51Ω　　　　　　B. 100Ω　　　　　　C. 200Ω　　　　　　D. 2kΩ

4-2　有一台两线制压力变送器，量程范围为 0～1MPa，对应的输出电流为 4～20mA。求：

1）当 p 为 0MPa、1MPa 时变送器的输出电流。

2）当 p 为 0.5MPa 时，输出电流大于 10mA，还是小于 10mA？

3）如果希望在信号传输终端将电流信号转换为 1～5V 电压，求负载电阻 R_L 的阻值。

4）若测得变送器的输出电流为 0mA，试说明可能是哪几个原因造成的。

4-3　图 4-31 所示为 BYM 型自感式压力传感器：

1）图中弹簧管将什么量转换成什么量？

2）当弹簧管中压力 p 较大时，分析其工作原理。

4-4　以图 4-32 所示方法测量齿数 $Z = 60$ 的齿轮的转速，测得 $f = 400Hz$，试求该齿轮的转速 $n(r/min)$。

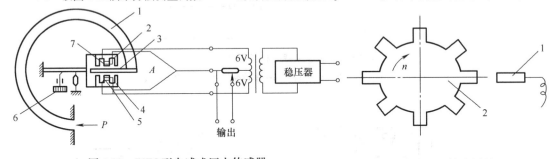

图 4-30　BYM 型自感式压力传感器

1—弹簧管　2、4—铁心　3—衔铁　5、7—线圈　6—调节螺钉

图 4-31　转速测量

1—传感器　2—被测体

实训项目五　电感式传感器——差动变压器性能测试

1. 试验目的

1）认知电感式传感器产品外观，正确识读产品的型号规格，获取其主要技术参数。

2）通过实训使学生进一步了解差动变压器的结构及其原理。

3）掌握差动变压器式传感器的常用测量电路的工作原理和性能特点。

4）通过实训进一步理解差动变压器式传感器零点残余电压的有关概念，掌握消除零点残余电压的基本原理和方法。

5）比较观察电感式传感器的交流输出特性和直流输出特性。

2. 试验设备及仪器

音频振荡器、千分尺、电桥、双线示波器、移相器、检波器、低通滤波器和液晶电压表、试验台及工作电源，必要的安装调试工具。

3. 试验原理

差动变压器式传感器检测的工作原理如图 4-32 所示。差动变压器式传感器的一次、二次侧间的互感随衔铁的移动而变化。当衔铁处于上下两个线圈的中间位置时，二次侧上下两线圈的互感系数相等，由于二次侧两线圈绕向相反，所以输出的感应电压为零。当衔铁移动时，二次侧两线圈产生的感应电压不一样，因此输出电压不为零。通过测量输出电压的大小可以反映衔铁位移的大小，衔铁的位移量可通过千分尺来调节。

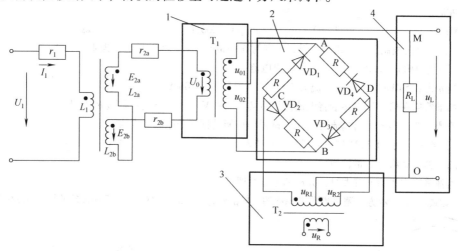

图 4-32　差动变压器式传感器检测原理图

1—输入变压器　2—环形电桥　3—解调变压器　4—输出负载

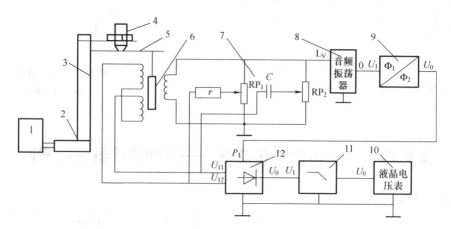

图 4-33　差动变压器性能测试原理框图

1—激振源　2—振动台　3—支架　4—千分尺测　5—振动梁　6—差动变压器式电感传感器动铁心

7—调零网络　8—音频振荡器　9—移相电路　10—液晶电压表　11—低通滤波器　12—检波器

4. 试验内容与步骤

1）基本性能测试步骤

①观察差动变压器式电感传感器的外形结构，将传感器的一次绕组接音频振荡器，同时将波形送至示波器第一通道，二次绕组接示波器第二通道。

②调节音频振荡器的震荡幅度，使输入到一次绕组的电压幅值为 2V。

③旋动千分尺测给传感器以一定的位移变化，测量每一位移对应的二次绕组电压 U_2。

④注意输出电压的相位变化，找出其与位移之间的对应关系。

⑤观察测量结果与理论之间的差距，分析其中的原因。

2）零点残余的测试与补偿步骤

①接好电路，经指导老师同意后接通音频信号源。

②用示波器将音频信号的输出电压幅值调至 2V，保持不变。

③调整动铁心位置，使其位于变压器的中点上，通过示波器观察传感器的输出电压情况，所测到的电压就是所谓的零点残余电压。

④调节电位器 1 和电位器 2，使输出电压尽量减小，达到平衡。

3）性能参数标定的步骤

①装上千分尺测，进行调整，使差动变压器的动铁心处于中间位置，达到理论上的零点值。并通过调零网络进行系统调零。

②向下旋转千分尺测，每隔 0.5mm 测量一次输出电压值，记在表 4-1 中。

③重复测量几次，将所得结果求平均值以消除粗大误差。

④加反向位移再进行测量，观察电压方向是否也有相应的改变。

⑤根据测量数据计算系统灵敏度 $K = \Delta U / \Delta x$，对传感器进行标定。

⑥做出 X-U 曲线，确定出此传感器的线性范围。

表 4-1　试 验 数 据

X/mm									
U/mV									
X/mm									
U/mV									

5. 思考题：

1）零点残余电压是怎样产生的？有哪些类型？

2）分析你所得标定结果中存在的误差。

3）差动变压器式传感器在工程实际中主要用于哪些非电量的检测与控制？

4）与差动螺线管电感传感器相比，这种传感器有何优点？

实训项目六　电涡流式传感器的应用——振幅测量

1. 试验目的

1）认知电涡流式传感器产品外观，正确识读产品的型号规格，获取其主要技术参数。

2）能够根据需要构建基本的检测与控制系统，认知电涡流式传感器与控制仪表进行控制的基本过程并能加以分析。

3) 掌握电涡流式传感器测量振动的原理和方法。

2. 试验设备及仪器

电涡流传感器、涡流变换器、差动放大器、电桥、铁测片、直流稳压电源、低频振荡器、激振线圈、F/V 表、示波器、主、副电源、试验台及工作电源，必要的安装调试工具。

3. 试验原理

通过高频电流的线圈产生磁场，当有导电体接近时，因导电体涡流效应产生涡流损耗，而涡流损耗与导电体离线圈的距离有关，因此可以使用电涡流式传感器进行振幅的测量。

差动放大器增益置于最小（逆时针到底），直流稳压电源置于 4V 挡。

4. 试验内容与步骤

1) 转动测微器，将振动平台中间的磁铁与测微头分离，使梁振动时不至于再被吸住（这时振动台处于自由静止状态），适当调节涡流传感器头的高低位置。

2) 根据图 4-34 所示的电路结构接线，将涡流传感器探头、涡流变换器、电桥平衡网络、差动放大器、F/V 表、直流稳压电源连接起来，组成一个测量电路（这时直流稳压电源应置于 ±4V 挡）、F/V 表置 20V 挡，开启主、副电源。

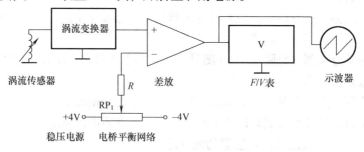

图 4-34　电涡流式传感器测量振幅原理框图

3) 调节电桥网络，使电压表读数为零。

4) 去除差动放电器与电压表连线，将差动放大器的输出与示波器连起来，将 F/V 表置 2kHz 挡，并将低频振荡器的输出端与频率表的输入端相连。

5) 固定低频振荡器的幅度旋钮至某一位置（以振动台振动时不碰撞其他部件为好），调节频率，调节时用频率表监测频率，用示波器读出峰峰值填入下表，并关闭主、副电源。

表 4-2　试 验 数 据

f/Hz	3Hz		25Hz	
U (P-P)				

5. 思考题：

1) 根据试验结果，可以知道振动台的自振频率大致为多少？

2) 如果已知被测梁振幅为 0.2mm，传感器是否一定要安装在最佳工作点？

3) 如果此传感器仅用来测量振动频率，工作点问题是否仍十分重要？

第 5 章 压电式传感器

压电式传感器是利用压电效应制成的传感器，是一种自发电式和机电转换式的传感器，是典型的有源传感器。由压电材料制成的敏感元件由于受力的作用而变形时，其表面产生电荷，经测量电路和放大器阻抗变换与放大，就成为正比于所受外力的电量输出，从而实现对非电量的测量。压电式传感器用于测量力和可以变换为力的非电物理量，如压力、加速度等。它具有体积小、频带宽、灵敏度高、信噪比高、结构简单、可靠性高和重量轻等特点。配套仪表和低噪声、小电容、高绝缘电阻电缆的出现，使压电式传感器的使用更为方便。所以它广泛地应用于各种动态力、机械冲击与振动的测量，以及工程力学、生物医学、电声学、宇航技术等领域。

5.1 压电效应及压电材料

5.1.1 压电效应

1. 压电效应的概念　某些电介质，当沿着一定方向对其施力而使它变形时，其内部就产生极化现象，同时在它的两个表面上产生符号相反的电荷，当外力去掉后，其又恢复到不带电状态，这种现象称压电效应。相反当在电介质极化方向施加电场，这种介质也会产生形变，这种

机械量 ⟺ [压电元件] ⟺ 电量

图 5-1　压电效应可逆性

现象称为"逆压电效应"（电致伸缩效应）。具有压电效应的材料称为压电材料，压电材料能实现机-电能量的相互转换，如图 5-1 所示。

2. 压电效应原理　具有压电效应的物质很多，如石英晶体、压电陶瓷、高分子压电材料等。现以石英晶体为例，简要说明压电效应原理。

石英晶体是一种广泛应用的压电晶体。它是二氧化硅单晶体，属于六角晶系。图 5-2a 为天然晶体的外形图，它为规则的六角棱柱体。石英晶体有 3 个晶轴：x 轴、y 轴、z 轴，如图 5-2b 所示。z 轴又称光轴，它与晶体的纵轴线方向一致；x 轴又称电轴，它通过六面体相对的两个棱线并垂直于光轴；y 轴又称机械轴，它垂直于两个相对的晶柱棱面。

从晶体上沿 x、y、z 轴线切下的一片平行六面晶体的薄片称为晶体切片。它的 6 个面分别垂直于光轴、电轴和机械轴。通常把垂直于 x 轴的上下两个平面称为 x 面，把垂直于 y 轴的面称为 y 面，把垂直于 z 轴的面称为 z 面，如图 5-2c 所示。当沿着 x 轴对晶片施加力时，将在 x 面上产生电荷，这种现象称为纵向压电效应。沿着 y 轴施加力的作用时，电荷仍出现在 x 面上，这称为横向压电效应。当沿着 z 轴方向受力时不产生压电效应。

石英晶体的压电效应与其内部结构有关，产生极化现象的机理可用图 5-3 来说明。石英晶体的化学式为 SiO_2，它的每个晶胞中有三个硅离子和六个氧离子，一个硅离子和两个氧离子交替排列（氧离子是成对出现的）。沿光轴看去，可以等效的认为有如图 5-3a 所示的正

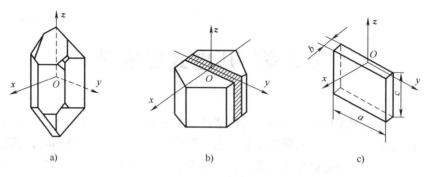

图 5-2 石英晶体与切片

a）晶体外形 b）切割方向 c）晶片

六边形排列结构。

1）在无外力作用时，硅离子所带的正电荷等效中心与氧离子所带的负电荷的等效中心是重合的，整个晶胞不呈现带电现象，如图 5-3a 所示。

2）当晶体沿电轴（x 轴）方向受到压力时，晶格产生变形，如图 5-3b 所示。硅离子的正电荷中心下移，氧离子的负电荷中心上移，正负电荷中心分离，在晶体的 x 面的下表面产生正电荷，在上表面产生负电荷而形成电场。反之，受到拉力作用时，情况恰好相反，x 的下表面产生负电荷，上表面产生正电荷。如果受到的是交变力，则在 x 的上下表面间产生交变电场。如果在 x 面的上下表面镀上银电极，就能测出产生电荷的大小。

3）同样，当晶体的机械轴（y 轴）方向受到压力时，也会产生晶格变形，如图 5-3c 所示。硅离子的正电荷中心上移，氧离子的负电荷中心下移，在 x 面的上面产生正电荷，下面产生负电荷。

4）当晶体的光轴（z 轴）方向受力时，由于晶格的变形不会引起正负电荷的分离，所以不会产生压电效应。

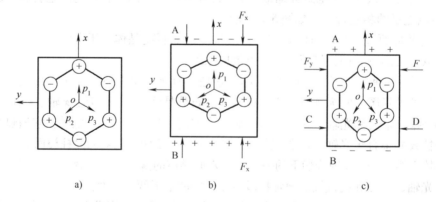

图 5-3 石英晶体的压电效应机理

a）未受力的石英晶体 b）受 x 向压力时的晶体 c）受 y 向压力时的晶体

5.1.2 压电材料

压电材料常用晶体材料，但自然界中多数晶体压电效应非常微弱，很难满足实际检测的需要，因而没有实用价值。目前能够广泛使用的压电材料只有石英晶体和人工制造的压电陶瓷、钛酸钡、锆钛酸铅等材料，这些材料都具有良好的压电效应。压电材料是压电式传感器的敏感材料。

1. 压电材料主要特性参数

（1）压电系数　它是衡量材料压电效应强弱的参数，一般应具有较大的压电系数。

（2）力学性能　通常希望力敏元件具有较高的机械强度和较大的刚度，以获得较宽的线性范围和较大的固有频率。

（3）电性能　良好的压电材料应该具有大的介电常数和较高的电阻率，以减小电荷的泄漏，从而获得良好的低频特性。对于一定形状、尺寸的压电元件，其固有电容与介电常数有关；而固有电容又影响着压电传感器的频率下限。

（4）机械耦合系数　是指在压电效应中，转换输出能量（如电能）与输入能量（如机械能）之比的平方根，这是衡量压电材料机-电能量转换效率的一个重要参数。

（5）居里点温度　它是指压电材料开始丧失压电特性的温度。

（6）时间稳定性　它是指压电特性不随时间变化的能力。

2. 压电材料分类

（1）压电晶体　石英晶体即是典型的压电晶体，化学式为 SiO_2，为单晶体结构。石英晶体的压电系数为 $d_{11} = 2.1℃ \times 10^{-12}$ C/N，并且在 20 ~ 200℃ 范围内，其压电系数几乎不变。居里温度点为 573℃，可以承受 68.65 ~ 98.07MPa 的压力，具有很高的机械强度和稳定的力学性能。

（2）压电陶瓷　压电陶瓷是人工制造的多晶体压电材料。材料内部的晶粒有许多自发极化的电畴，它有一定的极化方向，从而存在电场。在无外电场作用时，电畴在晶体中是杂乱分布的，各电畴的极化效应相互抵消，压电陶瓷内极化强度为零。因此原始的压电陶瓷呈中性，不具有压电性质，如图 5-4a 所示。

当在陶瓷上施加一定的外电场时（如 20 ~ 30kV/cm 直流电场），电畴的极化方向发生转动，趋向于按外电场方向的排列，从而使材料得到极化，产生极化后的压电陶瓷才具有压电效应。在外电场强度大到使材料的极化达到饱和的程度，即所有电畴极化方向都整齐地与外电场方向一致时，当外电场去掉后，电畴的极化方向基本不变化，即剩余极化强度很大，这时的材料才具有压电特性，如图 5-4b 所示。

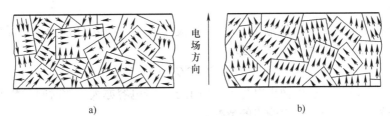

图 5-4　压电效应的极化
a）未极化时的情况　b）电极化后的情况

（3）高分子压电材料　某些高分子材料如聚二氟乙烯（PVF_2）和聚氯乙烯（PVC）等可以作为制作压电元件的材料，这些材料不易破碎而且质地柔软，频率响应范围宽、性能稳定。

5.2　压电传感器的测量转换电路

5.2.1　压电式传感器的连接方式

压电式传感器的基本原理是压电材料的压电效应，因此可以用它来测量力和与力有关的参数，如压力、位移、加速度等。

当压电材料受外力作用时会产生电荷，要想长期保存这些电荷，必须保证电荷无法泄漏，因此就要求测量电路具有无限大的输入阻抗。但是实际上测量电路不可能做到输入阻抗无限大，因此压电传感器不适合做静态测量。动态测量时就要求电荷不断得到补充，可以供给测量电路电流，即在压电材料表面施加交变力。

由于压电传感器产生的电荷较少不好测量，一次一般将两片或者两片以上相同性能的压电晶片黏贴在一起使用。由于压电晶片有电荷极性，因此接法有串联和并联两种，如图5-5所示。

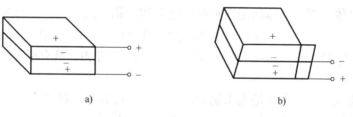

图5-5　两块压电片的连接方式

a）串联　b）并联

串联时，输出总电荷 q' 等于单片上的电荷，输出电压为单片电压的二倍，总电容 C' 应为单片电容的二分之一，即

$$q' = q, \quad C' = \frac{C}{2}, \quad U' = 2U \tag{5-1}$$

因此，串联接法输出电压高，本身电容小，适宜于以电压输出的信号和测量电路输入阻抗很高的情况。

并联连接的压电式传感器的输出电容 C' 和极板上的电荷 q' 分别为单块晶体片的二倍，而输出电压 U' 与单片上的电压相等，即

$$q' = 2q, \quad C' = 2C, \quad U' = U \tag{5-2}$$

由此可见，并联接法虽然输出电荷大，但由于本身电容亦大，故时间常数大，只适宜测量变化慢的信号，并以电荷作为输出的情况。

压电晶片在加工时即使磨得很光滑，也难保证接触面的绝对平坦，这样在制作和使用压电式传感器时，就要使压电晶片有一定的预应力。如果没有足够的压力，就不能保证全面的均匀接触，但所加预应力不能太大，否则将会影响压电式传感器的灵敏度。

试验表明，压电式传感器的灵敏度随着使用时间的增加会有些变化，其主要原因是性能发生了变化。最好每隔半年进行一次灵敏度校正以便保证传感器的测量精度。压电陶瓷的压电常数随着使用时间的增加而减小；石英晶体的长期稳定性很好，灵敏度不变，故无需校

正。

5.2.2　压式传感器的等效电路

在外力作用下，压电晶片的两个表面产生大小相等、方向相反的电荷，相当于一个以压电材料为介质的电容器。因此，压式传感器可以看作一个电荷发生器，同时它也是一个电容器，晶体上聚集正负电荷的两表面相当于电容器的两个极板，极板间物质等效于一种介质，则其电容量为

$$c_a = \frac{\varepsilon_r \varepsilon_0 A}{d} \qquad (5\text{-}3)$$

式中　A——压电片的面积（m^2）；

　　　d——压电片的厚度（m）；

　　　ε_r——压电材料的相对介电常数（F/m）；

　　　ε_0——真空的介电常数（取 8.85×10^{-12} F/m）。

因此，压电传感器可以等效为一个与电容 C_a 相串联的电压源。如图 5-6a 所示，电容器上的电压 U_a、电荷量 q 和电容量 C_a 三者之间的关系为

$$U_a = \frac{q}{C_a} \qquad (5\text{-}4)$$

压电传感器也可以等效为一个电荷源，如图 5-6b 所示。

当压电传感器接入测量仪器或测量电路后，必须需考虑后续测量电路

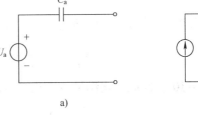

图 5-6　压电元件的等效电路
a）电压源模型　b）电荷源模型

的输入电容 C_i，连接电缆的寄生等效电容 C_c，以及后续电路（如放大器）的输入电阻 R_i 和压电传感器自身的泄漏电阻 R_a。所以，实际压电传感器在测量系统中的等效电路如图 5-7 所示。

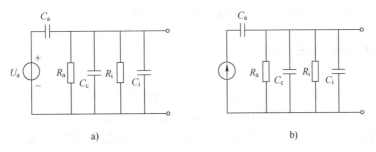

图 5-7　压电元件实际等效电路图
a）实际电压源模型　b）实际电荷源模型

5.2.3　压电式传感器的测量电路

由于压电传感器输出信号很小，本身的内阻抗很大，输出阻抗很高，因此给它的后续测量电路提出了很高的要求。为了解决这一矛盾，通常需要将传感器的输出接入一个高输入阻抗的前置放大器。经过它的阻抗变换后再送入普通的放大器进行放大、检波等处理。前置放

大器的作用是：一方面把传感器的高输出阻抗变换为低输出阻抗，另一方面是放大传感器输出的微弱信号。压电传感器的输出可以是电压信号，也可以是电荷信号，因此前置放大器也有两种形式：电压放大器和电荷放大器。从上面实际压电传感器在测量系统中的等效电路可以看出，如果使用电压放大器，其输出电压与电容 $C = C_a + C_i + C_c$ 密切相关，虽然 C_a 和 C_i 都很小，但 C_c 会随连接电缆的长度与形状而变化，从而会给测量带来不稳定因素，影响传感器的灵敏度。因此，现在通常采用性能稳定的电荷放大器。图 5-8 所示的是压电传感器与电荷放大器组成的检测电路的等效电路。

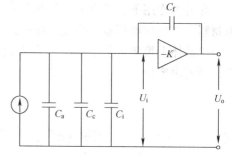

图 5-8　电荷放大器等效电路

电荷放大器常作为压电传感器的输入电路，它由一个带有反馈电容 C_f 的高增益运算放大器构成。由于传感器的漏电阻 R_a 和电荷放大器的输入电阻 R_i 很大，可以看作开路，而运算放大器输入阻抗极高，在其输入端几乎没有分流，故可略去 R_a 和 R_i 并联电阻，等效电路如图 5-8 所示。

由运算放大器基本特性：$U_o = - K U_i$，可求出电荷放大器的输出电压为

$$U_o = \frac{- K_q}{C_a + C_c + C_i + (1 + K) C_f} \tag{5-5}$$

通常 $K = 10^4 \sim 10^8$，因此，当满足 $(1 + K) C_f >> C_a + C_c + C_i$ 时，上式可简化为

$$U_o \approx - \frac{q}{C_f} \tag{5-6}$$

可见，在一定条件下，电荷放大器的输出电压 U_o 仅取决于输入电荷与反馈电容 C_f，与电缆电容 C_c 无关，且与电荷 q 成正比，这是电荷放大器的最大特点。为了得到必要的测量精度，要求反馈电容 C_f 的温度和时间稳定性都很好。在实际电路中，考虑到不同的量程等因素，C_f 的容量会做成可选择的，范围一般为 $10^2 \sim 10^4 pF$。如果将 C_f 选择为一个高精度和高稳定性的电容，则输出电压将仅仅取决于电荷量 q 的大小。

5.3　压电式传感器的应用

广义地讲，凡是利用压电材料各种物理效应构成的传感器，都可称为压电式传感器，它们已被广泛地应用在工业、军事和民用等领域。主要用在力敏、热敏、光敏、声敏等传感器类型中，其中力敏类型应用最多。可直接利用压电式传感器测量压力、加速度、位移等物理量。

5.3.1　压电式加速度传感器

1. 工作原理　图 5-9 所示为压电式加速度传感器的结构原理图，压电元件一般由两片压电片组成。在压电片的两个表面上镀银层，并在镀银层上焊接输出引线，或在两个压电片之间夹一片金属，引线就焊接在金属片上，输出端的另一根引线直接与传感器基座相连。在压电片上放置一个比较大的质量块，然后用一硬弹簧或螺栓、螺母对质量块预加载荷。整个组

件装在一个厚基座的金属壳体中，为了防止试件的任何应变传递到压电元件上去，避免产生假信号输出，一般要加厚基座或选用刚度较大的材料来制造。

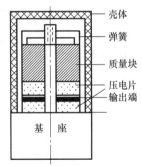

图 5-9　压电式加速度传感器的结构原理图

壳体
弹簧
质量块
压电片
输出端
基　座

测量时，将传感器基座与试件刚性固定在一起。当传感器感受振动时，由于弹簧的刚度较大，而质量块的质量较小，可以认为质量块的惯性很小。因此质量块感受与传感器基座相同的振动，并受到与加速度方向相反的惯性力的作用。这样，质量块就有一正比于加速度的交变力作用在压电片上。由于压电片具有压电效应，因此在它的两个表面上就产生交变电荷（电压），当振动频率远低于传感器的固有频率时，传感器的输出电荷（电压）与作用力成正比，亦即与试件的加速度成正比。输出电量由传感器输出端引出，输入到前置放大器后就可以用普通的测量仪器测出试件的加速度，如在放大器中加入适当的积分电路，就可以测出试件的振动速度或位移。

压电元件的受力和变形常见的有厚度变形、长度变形、体积变形和厚度剪切变形四种。按上述四种变形方式有相应的四种结构的传感器，但最常见的是基于厚度变形的压缩式传感器和基于剪切变形的剪切式传感器两种，其中前者使用更为普遍。图 5-10 所示为四种压电式加速度传感器的典型结构。

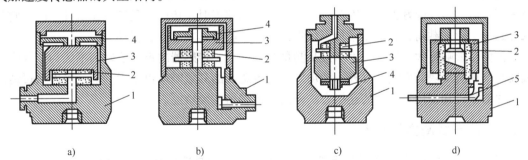

图 5-10　压电式加速度传感器典型结构

a）外圆配合压缩式　b）中心配合压缩式　c）倒装中心配合压缩式　d）剪切式

1—基座　2—压电晶片　3—质量片　4—弹簧片　5—电缆

2. 灵敏度　传感器的灵敏度有两种表示法：当它与电荷放大器配合使用时，用电荷灵敏度 K_q 表示；与电压放大器配合使用时，用电压灵敏度 K_U 表示，其一般表达式为

$$K_q = \frac{Q}{a} \tag{5-7}$$

和

$$K_U = \frac{U_a}{a} \tag{5-8}$$

式中　Q——压电式传感器输出电荷量（C）；

$\quad\quad U_a$——传感器的开路电压（V）；

$\quad\quad a$——被测加速度（ms^{-2}）。

因为 $U_a = Q/C_a$，所以有

$$K_q = K_U K_a \tag{5-9}$$

下面以常用的压电陶瓷加速度传感器为例，讨论一下影响灵敏度的因素。

压电陶瓷元件受外力后，表面上产生的电荷为 $Q = d_{33}F$（d_{33} 为纵向压电系数），因为传感器质量块的加速度与作用在质量块上的力 F 有如下关系，即

$$F = ma \tag{5-10}$$

这样压电式加速度传感器的电荷灵敏度与电压灵敏度就可用下式表示，即

$$Kq = dm \tag{5-11}$$

和

$$K_U = \frac{dm}{C_a} \tag{5-12}$$

由式（5-11）和式（5-12）可知。压电式加速度传感器的灵敏度与压电材料的压电系数成正比，也和质量块的质量成正比。

压电式加速度传感器的灵敏度与压电材料的压电系数成正比，也和质量块的质量成正比。为了提高传感器的灵敏度，应当选用压电系数大的压电材料做压电元件，在一般精度要求的测量中，大多采用以压电陶瓷为敏感元件的传感器。

增加质量块的质量（在一定程度上也就是增加传感器的重量），虽然可以增加传感器的灵敏度，但不是一个好方法。因为，在测量振动加速度时，传感器是安装在试件上的，它是试件的一个附加载荷，相当于增加了试件的质量，势必影响试件的振动，尤其当试件本身是轻型构件时影响更大。因此，为了提高测量的精确性，传感器的重量要轻，不能为了提高灵敏度而增加质量块的质量。另外，增加质量对传感器的高频响应也是无利的。可以通过增加压电片的数目和采用更合理的连接方法来提高传感器的灵敏度。

5.3.2　压电式测力传感器

压电元件直接成为力-电转换元件是很自然的。关键是选取合适的压电材料，变形方式，机械上串联或并联的晶片数，晶片的几何尺寸和合理的传力结构。显然，压电元件的变形方式以利用纵向压电效应的 TE 方式为最简便。而压电材料的选择则决定于所测力的量值大小，对测量误差提出的要求和工作环境温度等各种因素。晶片数目通常是使用机械串联而电气并联的两片。因为机械上串联的晶片数目增加会导致传感器抗侧向干扰能力的下降，而机械上并联的片目增加会导致对传感器加工精度的过高要求，同时，传感器的电压输出灵敏度并不增大。下面介绍几个测力传感器的实例。

1. 单向压电式测力传感器　图 5-11 为单向压电式测力传感器的结构图。晶体片为 X 切割石英晶片，尺寸为 $\phi8\text{mm} \times 1\text{mm}$，上盖为传力元件，其变形壁的厚度为 $0.1 \sim 0.5\text{mm}$，由测力范围（$F_{max} = 500\text{kg}$）决定。

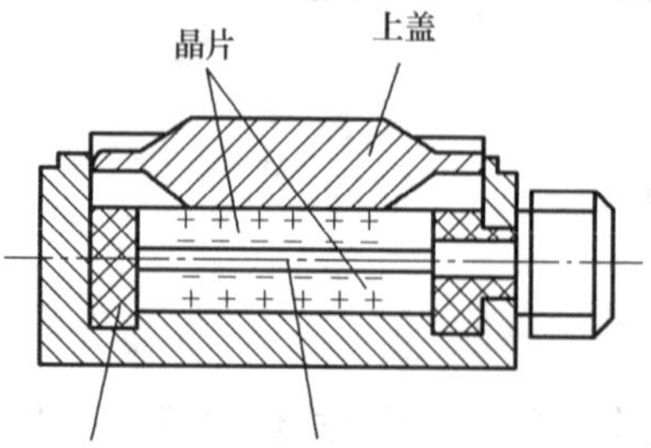

绝缘套用来绝缘和定位。基座内外底面对其中心线的垂直度、上盖及晶片、电极的上下底面的平行度与表面粗糙度都有极严格的要求。否则会使横向灵敏度增加或使片子因应力集中而过早破坏。为提高绝缘阻抗，传

图 5-11　单向压电式测力传感器结构图

感器装配前要经过多次净化（包括超声波清洗），然后在超净工作环境下进行装配，加盖之后用电子束封焊。

2. 三向测力传感器　图 5-12 所示为三向压电测力传感器结构图。三向压电测力传感器内安装有三组石英晶片。其中两组石英晶片对剪切力敏感，分别测量 F_x 和 F_y 这两个横向分力。另一组石英晶片测量纵向分力 F_z。在载荷作用下，各组石英晶片分别产生与相应分力成正比的电荷，并通过电极引到外部输出插座。由于剪切力 F_x、F_y 是通过上下安装面与传感器表面的静摩擦传递的，所以安装时传感器一定要预加载荷。

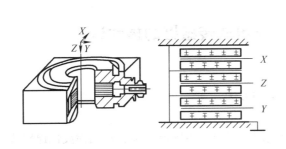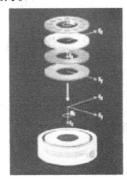

图 5-12　三向测力传感器结构图

3. 六分量测力计　图 5-13 所示为六分量测力计外观图。用 4 个三向压电测力传感器可以组装六分量测力计。在测力计内部，四个传感器的输出被部分地并联在一起，得到八个输出信号，据此可获得三个轴向力和三个力矩。六分量压电测力计被用来进行机床切削力测量，生物力学试验中的步态测量分析及其他工业和科研领域中的碰撞，冲击力等动态测量。

图 5-13　六分量测力计

思考与练习

5-1　什么是压电效应和逆压电效应？

5-2　以石英晶体为例，当沿着晶体的光轴（z 轴）方向施加作用力时，会不会产生压电效应？为什么？

5-3　应用于压电式传感器中的压电元件材料一般有几类？各类的特点是什么？

5-4　画出压电元件的等效电路。

5-5　为什么压电传感器只能应用于动态测量而不能用于静态测量？

5-6　由于压电陶瓷元件的自振频率高，特别适合测量变化剧烈的载荷，图 5-14 所示为利用压电陶瓷传感器测量刀具切削力的示意图，请简述其工作过程。

5-7　图 5-15 所示为压电式煤气灶电子点火装置示意图，请简述其工作过程。

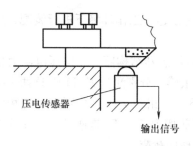

图 5-14　压电式刀具切削力测量示意图

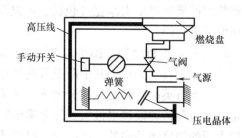

图 5-15　压电式煤气灶点火装置

实训项目七　压电式传感器的振动试验

1. 试验目的

了解压电式传感器测量振动的原理和方法。

2. 试验仪器

振动源、低频振荡器、直流稳压电源、压电式传感器模块、移相检波低通模块。

3. 试验原理

压电式传感器由惯性质量块和压电陶瓷片等组成（观察试验用压电式加速度计结构）。工作时传感器感受与试件相同频率的振动，质量块便有正比于加速度的交变力作用在压电陶瓷片上，由于压电效应，压电陶瓷产生正比于运动加速度的表面电荷。

4. 试验内容与步骤

1）压电式传感器已安装在振动梁的圆盘上。

2）将振荡器的"低频输出"接到三源板的"低频输入"，并按图 5-16 接线，合上主控台电源开关，调节低频调幅到最大、低频调频到适当位置，使振动梁的振幅逐渐增大（直到共振）。

3）将压电式传感器的输出端接到压电式传感器模块的输入端 $\dot{U}_{i1}$、$\dot{U}_{o1}$ 接 $\dot{U}_{i2}$、$\dot{U}_{o2}$ 接低通滤波器的输入端 $\dot{U}_i$，输出端 $\dot{U}_o$ 接通信接口 CH_1，用上位机观察压电式传感器的输出波形 $\dot{U}_o$。

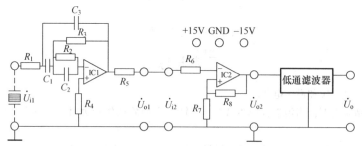

图 5-16　压电传感器实训电路

5. 实训报告

改变低频信号输出的频率，记录振动源不同振幅下压电式传感器输出波形的频率和幅值。

第6章　热电偶式传感器

6.1　热电偶工作原理和结构形式

　　热电偶是一种将温度变化转化为电量变化的装置，热电偶传感器是利用热电偶传感器的热电效应实现温度测量的。热电偶能将温度转换成毫伏级热电势信号输出，通过导线连接显示仪表和记录仪表，进行温度指示，报警及温度控制等，如图6-1所示，是最常用的测温器件热电偶温度计组成示意图。

　　热电偶温度传感器的敏感元件是热电偶。热电偶由两根不同的导体材料将一端焊接或铰接而成，如图6-1中A、B所示。组成热电偶的两根导体称为热电极：焊接的一端称为热电偶的热端，又称测量端；与导线连接的端称为热电偶的冷端，又称参考端。

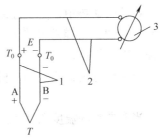

图6-1　热电偶温度计
组成示意图
1—热电偶　2—连接导线
3—显示仪表

　　热电偶的热端一般要插入需要测温的生产设备中，冷端置于生产设备外，如果两端所处温度不同，则测温回路中会产生热电势 E。在冷端温度 T_0 保持不变的情况下，用显示仪表测得 E 的数值后，便可知道被测温度。由于热电偶性能稳定、结构简单、使用方便、测温范围广、有较高的准确度，信号可以远传，所以在工业生产和科学试验中应用十分广泛。

6.1.1　工作原理

　　热电偶产生热电动势由温差电动势和接触电动势两部分组成。

　　1. 温差电动势　当同一导体的两端温度不同时，由于高温端（T）的电子能量比低温端（T_0）的电子能更大，导体内的自由电子将从温度高的一端向温度低的一端扩散，如图6-2a所示，则高温端失去电子带正电，低温端得到电子带负电。电子电荷的积累，在导体内建立静电场 E_s。当电场对电子的作用力与扩散力平衡时，扩散作用达到动态平衡。温差电势与材料性质和导体两端的温度有关。如果两接点的温度相同，温差电势为零。

　　2. 接触电势　在两种不同导体A、B接触时，由于材料不同，两者有不同的电子密度如 $N_A > N_B$，则在单位时间内，从导体A扩散到导体B的自由电子数比相反方向的多，即自由电子主要从导体A扩散到导体B，这时导体A因失去电子而带正电，导体B因得到电子而带负电，如图6-2b所

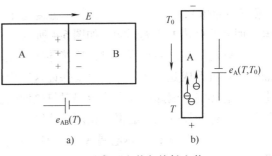

图6-2　温差电势与接触电势

a）接触电势原理示意图　b）温差电势原理示意图

示。因此，在接触面上形成了自 A 到 B 的内部静电场。此静电场将阻止电子的扩散运动，并加速电子从 B 到 A 的反方向扩散，最后达到动态平衡。所产生的电位差即为接触电动势。其大小与温度、材料的电子密度有关。温度越高，接触电势越大，两金属电子密度比值越大，接触电势也越大。

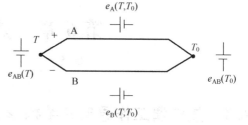

图6-3　热电偶回路电势

热电偶回路总电势对于导体 A 和 B 组成的热电偶回路，如图 6-3 所示，当接点温度 $T > T_0$，$N_A > N_B$ 时，回路中总热电势为

$$E_{AB}(T, T_0) = E_{AB}(T) - E_{AB}(T_0) + E_A(T, T_0) - E_B(T, T_0) \quad (6\text{-}1)$$

在总电动势中，由于温差电动势比接触电动势小很多，可忽略不计，又由于 $T > T_0$，$N_A > N_B$，所以，回路总电势 $E_{AB}(T, T_0)$ 中，热端处接触电势 $E_{AB}(T)$ 占主导地位，且 A 为正极，B 为负极。

对于已选定的热电偶，材料 A、B 的电子密度为已知函数，由式（6-1）可得到：

$$E_{AB}(T, T_0) = f(T) - f(T_0) \quad (6\text{-}2)$$

当参考端的温度 T_0 恒定时，$f(T_0) = c$ 为常数，则

$$E_{AB}(T, T_0) = f(T) - c = \Phi(T) \quad (6\text{-}3)$$

由此可知，当热电偶回路的冷端保持温度不变，则热电偶回路总电势只随热端的温度变化而变化。两端的温差越大，回路总电势也越大，回路的总电势为 T 的函数。这就是热电偶测温的基本原理。

在实际应用中，热电势与温度之间的关系是通过热电偶分度表来确定的。分度表是在参考端温度为 0℃ 时，通过试验建立的热电势与工作端温度之间的数位对应关系。

6.1.2　热电偶的基本定律

1. 均质导体定律　两种均质金属组成的热电偶，其电势大小与热电极直径、长度及沿热电极长度上的温度分布无关，只与热电极材料和两端温度有关。

如果材质不均匀，则当热电极上各处温度不同时，将产生附加电动势，造成无法估计的测量误差，因此，热电极材料的均匀性是衡量热电偶质量的重要指标之一。

2. 中间导体定律　若在热电偶回路中插入中间导体（第三种导体），则只要中间导体两端温度相同，就对热电偶回路的总热电势无影响，如图 6-4 所示。

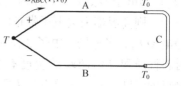

图6-4　具有中间导体的热电偶回路

实际利用热电偶来测温时，连接导线、显示仪表和接插件等均可看成是中间导体，只要保证这些中间导体两端的温度各自相同，则对热电偶的热电势没有影响。因此中间导体定律对热电偶的实际应用是十分重要的。在使用热电偶时，应尽量使上述元器件两端的温度相同，才能减少测量误差。

3. 中间温度定律　热电偶 A、B 两接点的温度分别为 T、T_0 时所产生的热电势 $E_{AB}(T, T_0)$ 等于该热电偶在 T、T_0 及 T_n、T_0 时的热电势 $E_{AB}(T, T_n)$ 与 $E_{AB}(T_n, T_0)$ 的代数和，这就是中间温度定律，如图 6-5 所示。可用下式表示

$$E_{AB}(T, T_0) = E_{AB}(T, T_n) + E_{AB}(T_n, T_0) \tag{6-4}$$

根据这定律，只要给出自由端为 0℃ 时的"热电势-温度"关系，就可以求出冷端为任意温度 T_0 时热电偶的热电势。

4. 标准电极定律　由三种材料成分不同的热电极 A、B、C 分别组成三对热电偶如图（6-6）所示。在相同结点温度（T，T_0）下，如果热电极 A 和 B 分别与热电极 C（称为标准电极）组成的热电偶所产生的热电势已知，则由热电极 A 和 B 组成的热电偶的热电势可按下式求出

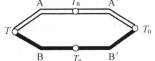

图 6-5　热电偶中间温度分布影响

$$E_{AB}(T, T_0) = E_{AC}(T, T_0) + E_{BC}(T, T_0) \tag{6-5}$$

标准电极 C 通常用纯度很高、物理化学性能非常稳定的铂制成，称为标准铂热电极。用标准电极定律可大大简化热电偶的选配工作，只要已知任意两种电极分别与标准电极配对的热电偶的热电势，即求出这两种热电极配对的热电偶的热电势，而不需要测定。

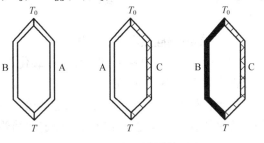

图 6-6　标准电极定律

例 6-1　已知铂铑$_{10}$-铂热电偶（分度号为 S）的冷端温度 T_0 为 30℃ 时，测得的热电势为 9.474mV，求测量端温度 T。

解：　由题可知　$E_s(T, 30) = 9.474\text{mV}$

由分度表查得　$E_s(30, 0) = 0.173\text{mV}$

由中间温度定律得

$$E_s(T, 0) = E_s(T, 30) + E_s(30, 0) = 9.474\text{mV} + 0.173\text{mV} = 9.647\text{mV}$$

由分度表反查可得：$T = 1005.2$℃

6.1.3　热电偶的结构与类型

1. 热电偶的类型及特点　任何不同的导体或半导体构成的回路均可以产生热电效应，但并非所有导体或半导体均可为热电极来组成热电偶，必须对它们进行严格选择。作为热电极的材料应满足如下基本要求：

（1）材料的热电性能不随时间而变化，即热电特性稳定。

（2）电极材料有足够的物理、化学稳定性，不易被氧化和腐蚀。

（3）产生的热电势要足够大，热电灵敏度高。

（4）热电势与温度关系要具有单调性，最好呈线性或近似线性关系，便于仪表均匀刻度。

（5）材料复现性好，便于大批生产和互换。

（6）材料组织均匀，力学性能好，易加工成丝。

（7）材料的电阻温度系数小，电阻率要低。

能够完全满足上述要求的材料是很难找到的，因此在应用中应根据具体应用情况选用不同的热电极材料。国际电工委员会（IEC）对其中公认的性能较好的热电极材料制定了统一标准。我国大部分热电偶按 IEC 标准进行生产。

2. 标准热电偶　热电偶名称由热电极材料命名，正极写在前面，负极写在后面。各种热电偶分度表详见附录。下面简要介绍各种标准热电偶的性能和特点。

（1）铂铑$_{10}$-铂热电偶，分度号 S。

测量范围：长期使用 1300℃ 以下，短期测量 1600℃。

特点：热电特性稳定，准确度高，材料容易提纯。缺点是热电势较低，价格昂贵，不能用于金属蒸汽和还原性气体中。

（2）铂铑$_{30}$-铂铑$_6$ 热电偶，分度号 B。

测量范围：长期使用 1600℃ 以下，短期测量 1800℃。

特点：测量上限高，稳定性好，机械强度大。缺点是热电势小，不能用于 0℃ 以下温度测量。

（3）镍铬-镍硅热电偶，分度号 K。

测量范围：−270 ~ +1300℃。在氧化性或中性介质中长期使用时测量温度 900℃，在还原性介质中，小于 500℃。

特点：热电势较大，热电关系近线性，抗氧化性和抗腐蚀性强，化学稳定性、复制性好，价格便宜。缺点是测量略低，稳定性稍差。

（4）镍铬-铜镍热电偶，分度号 E。

测量范围：长期使用 −200 ~ +600℃，短期测量 −200 ~ +800℃。

特点：热电势大，灵敏度高，电阻率小，适用于还原性和中性气氛下测温，价格便宜。缺点是测量范围低且窄，铜镍合金易受氧化而变质。

（5）铜-铜镍热电偶，分度号 T。

测量范围：−248℃ ~ +370℃

特点：热电势大，热电特性好，价格低廉，低温性能十分稳定。缺点是不宜在氧化性气氛中工作。

常用标准热电偶技术数据见表 6-1。

表 6-1　标准化热电偶技术数据

热电偶名称	分度号	热电极识别		E(100,0) /mV	测温范围/℃		对分度表允许偏差/℃		
	新	极性	识别		长期	短期	等级	使用温度	允差
铂铑$_{10}$-铂	S	正	亮白较硬	0.646	0 ~ 1300	1600	Ⅲ	≤600	±1.5℃
		负	亮白柔软					>600	±0.25%t
铂铑$_{13}$-铂	R	正	较硬	0.647	0 ~ 1300	1600	Ⅱ	<600	±1.5℃
		负	柔软					>1000	±0.25%t
铂铑$_{30}$-铂 铂铑$_6$	B	正	较硬	0.033	0 ~ 1600	1800	Ⅲ	600 ~ 800	±4℃
		负	稍软					>800	±0.5%t
镍铬-镍硅	K	正	不亲磁	4.096	0 ~ 1200	1300	Ⅱ	−40 ~ 1300	±2.5℃ 或 ±0.75%t
		负	稍亲磁				Ⅲ	−200 ~ 400	±2.5℃ 或 ±1.5%t

（续）

热电偶名称	分度号	热电极识别		E(100,0)	测温范围/℃		对分度表允许偏差/℃		
	新	极性	识别	/mV	长期	短期	等级	使用温度	允差
镍铬硅-镍硅	N	正	不亲磁	2.774	200 ~ 1200	1300	Ⅰ	-40 ~ 1100	±1.5℃ 或 ±0.4%t
		负	稍亲磁				Ⅱ	-40 ~ 1300	±2.5℃ 或 ±0.75%t
镍铬-康铜	E	正	暗绿	6.319	-200 ~ 760	850	Ⅱ	-40 ~ 900	±2.5℃ 或 ±0.75%t
		负	亮黄				Ⅲ	-200 ~ 40	±2.5℃ 或 ±1.5%t
铜-康铜	T	正	红色	4.279	-200 ~ 350	400	Ⅱ	-40 ~ 350	±1℃ 或 ±0.75%t
		负	银白色				Ⅲ	-200 ~ 40	±1℃ 或 ±1.5%t
铁-康铜	J	正	亲磁	5.269	-40 ~ 600	750	Ⅱ	-40 ~ 750	±2.5℃ 或 ±0.75%t
		负	不亲磁						

3. 非标准热电偶　非标准化热电偶在生产工艺上还不够成熟，在应用范围和数量上均不如标准化热电偶。它没有统一的分度表，也没有与其配套的显示仪表但这些热电偶具有某些特殊性能，能满足某些特殊条件下测温的需要，如超高温、极低温、高真空或核辐射环境，因此在应用方面仍有重要意义。非标准化热电偶有铂铑系、铱铑系、钨铼系及金铁热电偶、双铂钼等热电偶。

4. 普通型热电偶

（1）普通型热电偶的组成　普通型热电偶主要用于测量气体、蒸汽、液体等介质的温度。由于使用的条件基本相似，所以这类热电偶结构已有通用标准，其组成基本相同。其结构主要包括热电极、保护套管、绝缘子、接线盒和安装固定件等，如图6-7所示。

1）热电极　热电极为感温元件，其中一端焊接在一起，用于感受被测的温度；另一端接在接线盒内接线柱上，与外部接线连接，输出感温元件产生的热电势。贵金属热电极的直径为 0.015 ~ 0.5mm，普通金属热电极的直径为 0.2 ~ 3.2mm。热电极的长度根据测温的要求，一般为 0.35 ~ 2m。

2）绝缘管　绝缘管套在热电极上，用以防止热电极短路。常用绝缘材料见表6-2。

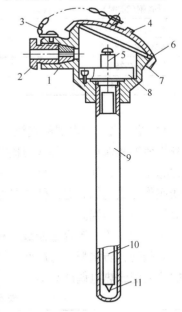

图6-7　普通热电偶结构

1—出线孔密封圈　2—出现孔压紧螺母
3—防掉链　4—接线盒盖　5—接线柱
6—密封圈　7—接线盒座　8—接线
绝缘座　9—保护套管　10—绝缘管
11—热电极

表6-2 常用绝缘材料使用温度

材 料 名 称	使用温度上限/℃	材 料 名 称	长期使用温度/℃
聚乙烯	80	玻璃和玻璃纤维	400
聚四氟乙烯	250	高纯氧化铝	1600
天然橡胶	60～80	石英	1100
聚全过程氟乙烯	200	陶瓷	1200
硅橡胶	250～300	氧化钍	2500

为了使用方便，常将绝缘材料制成圆形或椭圆形管状绝缘套管，其结构形式通常为单孔、双孔、四孔以及其他规格。

3）保护管 为延长热电偶的使用寿命，使之免受化学和机械损伤，通常将热电极（含绝缘套管）装入保护管内，起到保护、固定和支撑热电极的作用。作为保护管的材料应有较好的气密性，不使外部介质渗透到保护管内；有足够的机械强度，抗弯抗压；物理、化学性能稳定，不产生对热电极的腐蚀；高温环境使用，耐高温和抗震性能好。常用保护管的材料及其适用温度如表6-3所示，保护管选用一般根据测温范围、加热区长度、环境气氛以及测温滞后要求等条件决定。

表6-3 常用保护管材料

材 料 名 称	熔点/℃	长期使用温度/℃	材料名称	熔点/℃	长期使用温度/℃
铜	1084	350	石英 $w(SiO_2)=99\%$	1705	1100
低碳钢（20钢）	1400	600	氧化铝 $w(Al_2O_3)=99\%$	2050	1600
不锈钢（1Cr18Ni9Ti）	1480	900	氧化镁 $w(MgO)=99.8\%$		2000
高铬铸铁（28Cr）		1100	氧化铍 $w(BeO)=99.8\%$	2530	2100
高温钢（Cr25Ti）		100	氧化锆（ZrO_2）	2600	2400
高温不锈钢（CH₄₀）		1200	碳化硅	2300	1700

4）接线盒 热电偶的接线盒用来固定接线座和连接外接导线之用，起着保护热电极免受外界侵蚀和保证外接导线与接线柱良好接触的作用。热电极、绝缘套管和接线座组成热电偶的感温元件，如图6-7所示，一般制成通用性部件，可以装在不同的保护管和接线盒中。接线座作为热电偶感温元件和热电偶接线盒的连接件，将感温元件固定在接线盒上，其材料一般使用耐火陶瓷。

接线盒一般由铝合金制成，根据被测介质温度对象和现场环境条件要求，设计成普通型、防溅型、防水型、防爆型等接线盒，其结构及特点如表6-4所示。接线盒与感温元件、保护管装配成热电偶产品即形成相应类型的热电偶温度传感器。

表6-4 热电偶接线盒的结构及特点

形　式	特　点	用　途	结构示意图
普通接线盒	保证有良好的电接触性能,结构简单,接线方便	适用于环境条件良好、无腐蚀气氛	

（续）

形　式	特　点	用　途	结构示意图
防溅接线盒	能承受降雨量为 5mm/s 与水平成 65° 的人工雨,历时 5min(同时保护管理绕纵轴旋转)不得有水渗入接线盒内部	适用于雨水和水滴能经常溅到的现场(如有棚的生产设备或管道)	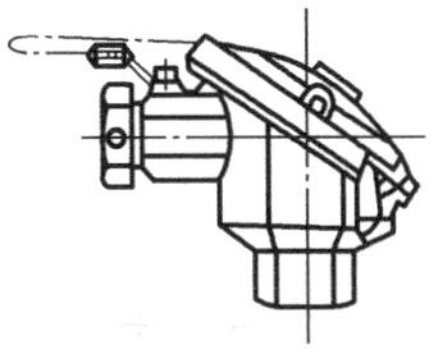
防水接线盒	能承受距离为 5m 处用喷嘴直径为 25mm 的水龙头喷水(喷嘴出口前水压低于 0.196MPa 历时 5min 不得有水渗入接线盒内部	适用于露天的生产设备或管道,以及有腐蚀性气氛的环境	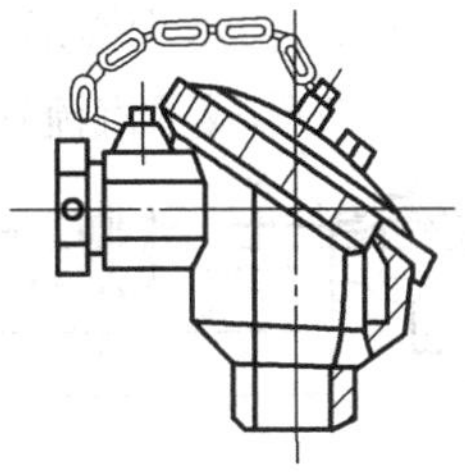
防爆接线盒	防爆式接线盒的热电偶应符合《防爆电气设备制造检验规程》国家标准的规定,并经国家指示的检验单位检验合格,方给防爆合格证		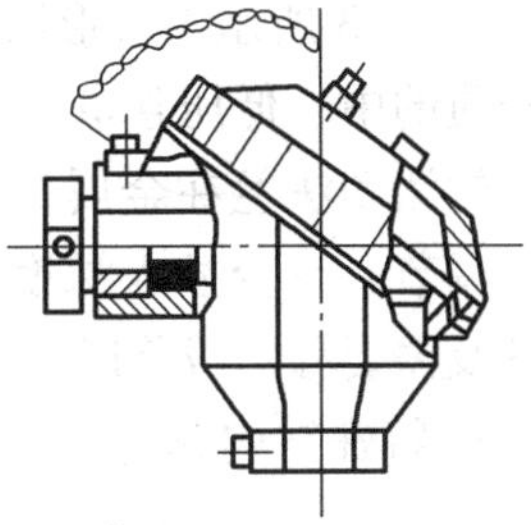

　　（2）普通型热电偶的结构形式　普通型热电偶的结构形式根据保护管形状、固定装置形式和接线盒类型组装而成，图 6-8 所示为普通热电偶的构造，图 6-9 所示为直形螺纹联接防溅式热电偶的构造。

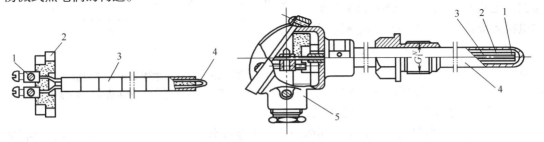

图 6-8　热电偶感温元件
1—接线柱　2—接线座　3—绝缘套管
4—热电极

图 6-9　直形螺纹联接防溅式热电偶的构造图
1—测量端　2—热电极　3—绝缘套管　4—保护管
5—接线盒

　　图 6-10 所示为直形无固定装置热电偶，l 表示插入深度，l_0 表示不插入部分长度。图 6-10b 为非金属保护管，不插入部分加装金属加固管。

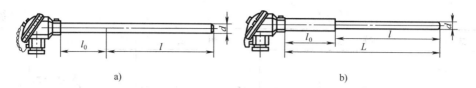

图 6-10　直形无固定装置热电偶

a）防水式　b）防溅式

图 6-11 所示为直形螺纹联接头固定热电偶，一般适用于无腐蚀介质的管道安装，具有体积小、安装紧凑的优点，可耐一定压力（0~6.3MPa）。

图 6-12 所示为锥形螺纹联接头固定热电偶结构形式，适用于压力达 19.6MPa，并且承受液体、气体或蒸汽流速达 80m/s 的管道上的温度测量。

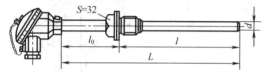

图 6-11　直形螺纹联接头固定热电偶图　　　图 6-12　锥形螺纹联接头固定热电偶

图 6-13 所示为直形法兰固定热电偶，固定法兰热电偶适用于在设备上以及高温、腐蚀性介质的中、低压管道上安装，具有适用性广、利于防腐蚀、方便维护等特点。活动法兰热电偶的活动法兰在金属保护管上，可以移动调节，改变插入深度，适用于常压设备及需要移动或临时性测温场所。

5. 特殊结构热电偶

（1）铠装热电偶　它是由金属套管、绝缘材料和热电极经焊接、密封和装配等工艺制成的坚实的组合体。金属套管材料铜、不锈钢（1Cr18Ni9Ti）和镍基高温合金（GH30）等，绝缘材料常使用电熔氧化镁、氧化铝等的粉末，热电极无特殊要求。套管中热电极有单支（双芯）、双支（四芯），彼此间互不接触。我国已生产 S 型、R 型、B 型、K 型、E 型、J 型和铱铑$_{60}$-铱等铠装热电偶，套管长达 100m 以上。铠装热电

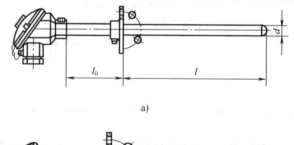

a）

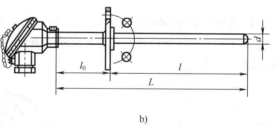

b）

图 6-13　直形法兰固定装置热电偶

a）活动法兰防溅式热电偶　b）固定法兰防水式热电偶

偶已达到标准化、系列化。铠装热电偶体积小，热容量小，动态响应快；可挠性好，具有良好柔软性，强度高，耐压、耐震、耐冲击，因此被广泛应用于工业生产过程。

图 6-14 所示为铠装热电偶结构图，其结构特点是热电偶可做得很细很长，并且可弯曲。热电偶的套管外径最细能达 0.25mm，长度可达 100m 以上，便于在复杂场合安装，特别适用于结构复杂（如狭小弯曲管道内）的温度测量。

铠装热电偶测量端常见结构形式如图 6-15 所示。

①图 6-15a 碰底型　热电偶的测量端与金属套管接触并焊在一起。它适用于温度较高、

气氛稍坏的场所。

②图 6-15b 不碰底型　测量端单独焊接后填以绝缘材料，再将套管端部焊牢，测量端与套管绝缘。它适用于电磁干扰较大和要求热电极与套管绝缘的仪表等设备上，这种形式应用最多。

③图 6-15c 露头型　测量端暴露于金属套管外面，测量时热电极直接与被测介质接触，绝缘材料暴露于外。它只适用于测量温度不太高、干燥的介质，其动态响应最快。

④图 6-15d 帽型　把露头型的测量端套上一个用套管材料做成的保护帽，用银焊密封起来。

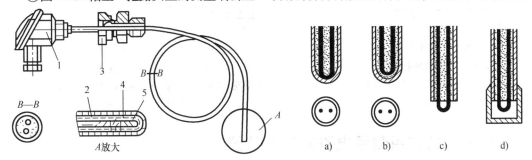

图 6-14　铠装热电偶的结构图
1—接线盒　2—保护管　3—固定装置
4—绝缘材料　5—热电极

图 6-15　铠装热电偶测量端结构形式
a) 碰底型　b) 不碰底型　c) 露头型
d) 帽型

图 6-16 所示为固定装置结构铠装热电偶。常用于具有内压力的生产设备的测温，承受压力达 50MPa 或更高，其固定装置采用卡套螺纹固定和卡套法兰固定装置，卡套螺纹固定装置由固定卡套 3（或活动卡套 3′）、压紧螺母 2、固定螺栓 6 组成。安装时先将固定螺栓 6 固定在生产设备上，然后拧紧压紧螺母 2，使卡套卡紧在铠装热电偶上。活动卡套当松开压紧螺母 2 后可调节插入深度，但一般用于无内压生产设备。卡套法兰的作用与卡套螺纹相同。

（2）薄膜型热电偶　薄膜热电偶如图 6-17 所示。它是用真空蒸镀的方法，把热电极材料蒸镀在绝缘基板上而制成的。测量端既小又薄，厚度约为几微米，热容量小，响应速度快，便于敷贴，适用于测量微小面积上的瞬变温度变化。

（3）快速微型热电偶　快速微型热电偶是一种一次性的专门用来

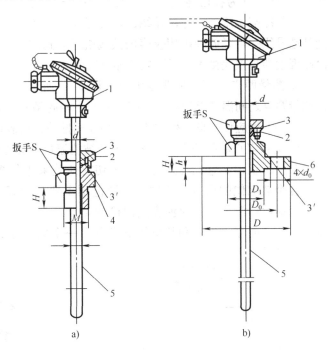

图 6-16　铠装热电偶的固定装置
a) 卡套螺纹固定方式　b) 卡套法兰固定方式
1—接线盒　2—固定螺母　3—固定卡套　4—活动卡套
5—固定螺栓　6—铠装热电偶

测量钢液和其他熔融金属温度的热电偶，其结构见图6-18。当热电偶插入钢液后，保护钢帽迅速熔化，此时U形管和被保护的热电偶工作端暴露于钢液中，在4~6s就可测出温度。在测出温度后，热电偶和石英保护管以及其他部件都被烧坏，因此也称为消耗式热电偶。

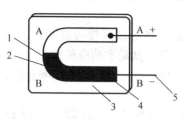

图 6-17　薄膜热电偶

1—工作端　2—薄膜热电极　3—绝缘

基板　4—引脚接头　5—引出线

（相同材料的热电极）

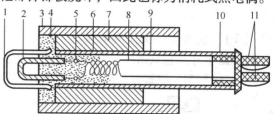

图 6-18　快速微型热电偶

1—钢帽　2—石英管　3—纸环　4—绝热水泥　5—电热极

6—棉花　7—绝热纸管　8—补偿导线　9—纸管

10—塑料插座　11—簧片

6.2　热电偶的实用测温电路和温度补偿

6.2.1　热电偶实用测温线路

1. 测量某点温度的基本电路　图6-19所示为测量某点温度的基本电路，图中A、B为热电偶，C、D为补偿导线，T_0为使用补偿导线后热电偶的冷端温度，E为铜导线，在实际使用时就把补偿导线一直延伸到配用仪表的接线端子。这时冷端温度即为仪表接线端子所处的环境温度。

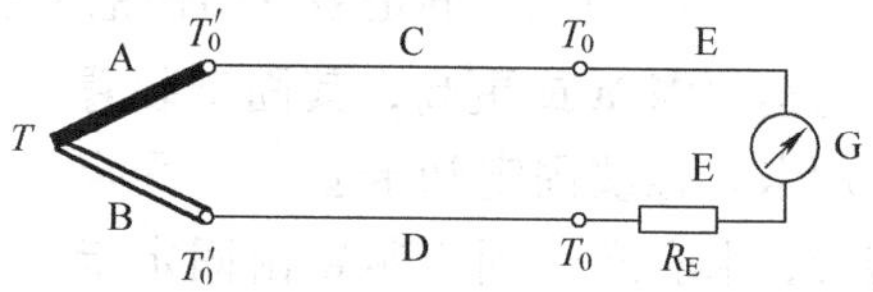

图 6-19　测量某点温度的基本电路

2. 测量两点温度差的测温电路　图6-20所示为测量两点之间温度差的测温电路，用两个相同型号的热电偶，配以相同的补偿导线C、D。这种连接方法应使各自产生的热电动势互相抵消，仪表可测出T_1和T_2之间的温度差。

3. 测量多点温度的测温电路　多个被测温度用多个热电偶分别测量，但多个热电偶共用一台显示仪表，它们是通过专用的切换开关来进行多点测量的，测温电路如图6-21所示。各个热电偶的型号要相同，测温范围不要超过显示仪表的量程。多点测温电路多用于自动巡回检测中，此时温度巡回检测点可多达几十个，可以轮流显示或按要求显示某点的温度，而显示仪表和补偿热电偶只用一个就够了，这样就可以大大地节省显示仪表和补偿导线。

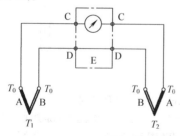

图 6-20　测量两点之间温度差的测温电路

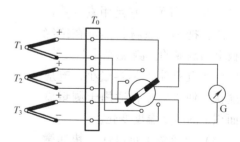

图 6-21　多点测温电路

4. 测量平均温度的测温电路　用热电偶测量平均温度一般采用热电偶并联的方法, 如图 6-22 所示。仪表输入端的毫伏值为三个热电偶输出热电势的平均值, 即 $E = (E_1 + E_2 + E_3)/3$。如三个热电偶均工作在特性曲线的线性部分时, 则 E 代表了各点温度的算术平均值。为此, 每个热电偶需串联较大电阻, 此种电路的特点是, 仪表的分度仍旧和单独配用一个热电偶时一样。其缺点是, 当某一热电偶烧断时, 不能很快地觉察出来。

5. 测量几点温度之和的测温电路　用热电偶测量几点温度之和的测温电路的方法一般采用热电偶的串联, 如图 6-23 所示, 输入到仪表两端的热电动势之总和, 即 $E = E_1 + E_2 + E_3$ 可直接从仪表读出三个温度之和。此种电路的优点是, 热电偶烧坏时可立即知道, 还可获得较大的热电动势。应用此种电路时, 每一热电偶引出的补偿导线还必须回接到仪表中的冷端处。

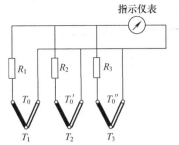

图 6-22　热电偶测量平均温度的
并联电路图

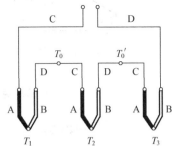

图 6-23　热电偶测量几点温度之和
的串联电路

6.2.2　热电偶的温度补偿

由热电偶测温原理可知, 热电偶的输出热电势是热电偶两端温度 T 和 T_0 差值的函数。当冷端温度 T_0 不变时, 热电势才与工作端温度成单值函数关系。各种热电偶温度与热电势关系的分度表都是在冷端温度为 0℃ 时做出的, 因此用热电偶测量时, 若要直接应用热电偶的分度表, 就必须满足 $T_0 = 0℃$ 的条件。但在实际测温时, 由于热电偶长度有限, 自由端温度将直接受到被测物温度和周围环境温度的影响。例如, 热电偶安装在电炉壁上, 而自由端放在接线盒内, 电炉壁周围温度不稳定, 波及接线盒内的自由端, 造成测量误差。这样 T_0 不但不是 0℃, 而且也不恒定, 因此将产生误差。

一般情况下, 冷端温度均高于 0℃, 热电势总是偏小。常用的消除或补偿这个损失的方法有以下几种。

1. 补偿导线法　一般温度显示仪表安装在远离热源、环境温度 t_0 较稳定的地方 (如控制室), 而热电偶通常做得较短, 其冷端 (即接线盒处) 在现场。用普通铜导线连接, 冷端温度变化将给测量结果带来误差。若将热电极做得很长, 使冷端延伸到温度恒定的地方, 一方面对于贵重金属热电偶很不经济, 另一方面热电极线路不便于敷设且易受干扰影响, 显然是不可行的。解决这一问题的方法是使用补偿导线。

补偿导线是由两种不同性质的廉价金属材料制成的, 在一定温度范围内 (0~1000℃) 与所配接的热电偶具有相同的热电特性的特殊导线。用补偿导线连接热电偶和显示仪表, 由于补偿导线具有与热电偶相同的热电特性, 将在热电偶回路中产生 $E_{补}(t_0', t_0)$ 的热电势, $E_{补}(t_0', t_0)$ 等于热电偶在相应两端温度下产生的热电势 $E(t_0', t_0)$, 根据中间温度定律, 热电偶与补偿导线产生的热电势之和为 $E(t, t_0)$，因此补偿导线的使用相当于将热电极延伸至与显示仪表的接线端，使回路热电势仅与热端和补偿导线与仪表接线端（新冷端）温度 t_0 有关，而与热电偶接线盒处（原冷端）温度的变化无关。补偿导线起到了延伸热电极的作用，达到了移动热电偶冷端位置的目的（见图6-24）。正是由于使用补偿导线，在测温回路中产生了新的热电势，实现了一定程度的冷端温度自动补偿。若新冷端温度不能恒定为0℃，则不能实现冷端温度的"完全补偿"，还需要配以其他补偿方法。必须指出，补偿导线本身不能消除新冷端温度变化对回路热电势的影响，应使新冷端温度恒定。补偿导线分为延伸型（X）补偿导线和补偿型（C）补偿导线。延伸型补偿导线选用的金属材料与热电极材料相同；补偿型补偿导线所选金属材料与热电极材料不同。常用热电偶补偿导线见表6-5。

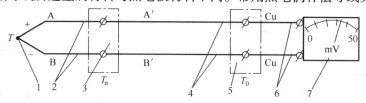

图6-24　利用补偿导线延长热电偶的冷端

1—测量端　2—热电极　3—接线盒①（中间温度）　4—补偿导线
5—接线盒②（新的冷端）　6—铜引线（中间导体）　7—毫伏表

表6-5　常用热电偶补偿导线

补偿导线型号	配用热电偶	补偿导线材料		补偿导线绝缘层着色	
		正极	负极	正极	负极
SC	S	铜	铜镍合金	红色	绿色
KC	K	铜	铜镍合金	红色	蓝色
KX	K	镍铬合金	镍硅合金	红色	黑色
EX	E	镍硅合金	铜镍合金	红色	棕色
JX	J	铁	铜镍合金	红色	紫色
TX	T	铜	铜镍合金	红色	白色

在使用补偿导线时，要注意补偿导线型号与热电偶型号匹配、正负极与热电偶正负极对应连接、补偿导线所处温度不超过100℃，否则将造成测量误差。

例6-2　分度号为 K 的热电偶误配 E_X 补偿导线，极性连接正确，如图6-25所示，问仪表示值如何变化？

解：若连接正确，根据中间温度定律，回路总电势为

$$E = E_K(t, 30) + E_K(30, 20)$$

现误用 E_X 补偿导线，则实际回路总电势为

$$E' = E_K(t, 30) + E_E(30, 20)$$

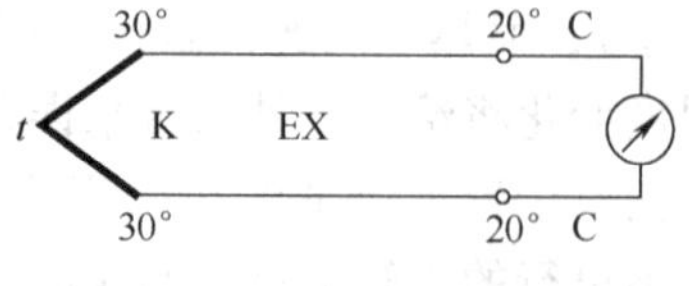

图6-25　例6-2测温电路连接图

回路总电势误差为

$$\Delta E = E' - E = E_K(t, 30) + E_E(30, 20) - E_K(t, 30) - E_K(30, 20)$$
$$= E_E(30, 20) - E_K(30, 20) = E_E(30, 0) - E_E(20, 0) - E_K(30, 0) + E_K(20, 0)$$
$$= 1.801\text{mV} - 1.192\text{mV} - 1.203\text{mV} + 0.798\text{mV} = 0.204\text{mV} > 0$$

答：回路总电势偏大，仪表示值将偏高。从例 6-2 可以分析出，配用补偿导线错误，回路总电势可能偏大，也可能偏小。

例 6-3　分度号为 K 的热电偶配用 K_X 补偿导线，但极性接反，如图 6-26 所示。问回路电势如何变化？

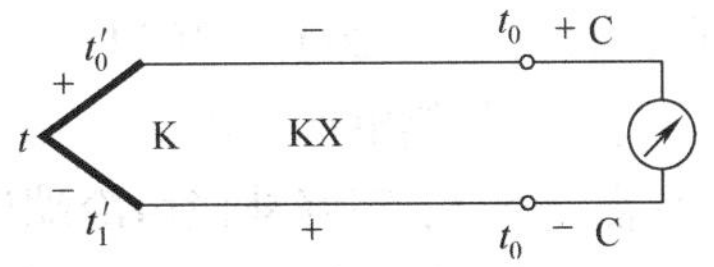

解：若极性连接正确，回路总电势为

$$E = E_K(t, t_0') + E_K(t_0', t_0)$$

图 6-26　例 6-3 测温电路连接图

现补偿导线接反，回路总电势为　$E' = E_K(t, t_0') - E_K(t_0', t_0)$

回路电势误差为

$$\Delta E = E' - E = E_k(t, t_0') - E_k(t_0', t_0) - E_k(t, t_0') - E_k(t_0', t_0) = -2E_k(t_0', t_0)$$

分析：若 $t_0' > t_0$，则 $\Delta E < 0$，回路电势偏低；若 $t_0' < t_0$，则 $\Delta E > 0$，回路电势偏高；若 $t_0' = t_0$，则 $\Delta E = 0$，回路电势不变。

2. **冷端温度校正法**　配用补偿导线，将冷端延伸至温度基本恒定的地方，但新冷端若不恒为 0℃，配用按分度表刻度的温度显示仪表，必定会引起测量误差，必须予以校正。计算修正法为：已知冷端温度 t，根据中间温度定律，应用下式进行修正

$$E(t, 0) = E(t, t_0) + E(t_0, 0) \tag{6-6}$$

其中，$E(t, t_0)$ 为回路实际热电势。

例 6-4　某加热炉用 S 型热电偶测温，仪表指示 1210℃，冷端温度为 30℃，求炉子的实际温度。

解：查 S 型热电偶分度表可知 $E_S(1210, 0) = 12.071\text{mV}$；$E_S(30, 0) = 0.173\text{mV}$；

仪表指示 1210℃，说明回路实际热电势 $E_S(t, 30) = 12.071\text{mV}$

$$E_S(t, 0) = E_S(t, 30) + E_S(30, 0) = 12.071\text{mV} + 0.173\text{mV} = 12.244\text{mV}$$

查 S 型热电偶分度表可知炉子实际温度 $t = 1226.3℃$。

答：炉子实际温度 $t = 1226.3℃$。

这种对冷端温度进行校正的方法称为计算修正法。计算修正法需要反复查表，只适用于试验室不经常测量时使用。

3. **冰浴法**　为避免冷端温度校正的麻烦，试验室常采用冰浴法使冷端温度保持为恒定 0℃。通常把补偿导线与铜导线连接端放入盛有变压器油的试管中，然后将试管再放入盛有冰水混合物的容器（如保温瓶、恒温槽）中，使冷端保持 0℃，如图 6-27 所示。为减少传热对冰水混合物温度的影响，应使冰面略高于水面，并用带双试管插孔的盖子密封（图中未画出）。

4. **补偿电桥法**　补偿电桥法利用不平衡电桥产生的不平衡电势来补偿因冷端温度变化而引起的热电势变化值，可以自动地将冷端温度校正到补偿电桥的平衡点温度上。配动圈仪表的补偿器应用如图 6-28 所示。

桥臂电阻由 R_1、R_2、R_3、R_{Cu} 构成，与热电偶冷端处于相同的温度环境 R_1、R_2、R_3 均由锰铜丝绕制，R_{Cu} 是用铜导线绕制的温度补偿电阻。$E = 6\text{V}$ 是经稳压电源提供的桥路直流电源。R_5 是限流电阻，阻值因配用的热电偶不同而不同。一般选择 R_{Cu} 阻值，使不平衡电桥在 20℃（平衡点温度）时

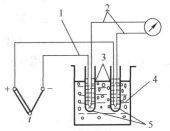

图 6-27　冰浴原理图

1—补偿导线　2—铜导线　3—试管
4—冰水混合物　5—变压器油

处于平衡，此时 $R_{Cu}^{20}=1\Omega$，电桥平衡，不起补偿作用。冷端温度变化，热电偶热电势将变化 $E(t,t_0)=E(t,20)-E(20,t_0)$，此时电桥不平衡，适当选择桥臂电阻和电流的数值的大小，使 U_{ba} 与热电偶热电势叠加，可使电桥产生的不平衡电压 U_{ba} 正好补偿由冷端温度变化引起的热电势变化值，则外电路总电势保持 $E(t,20)$，不随冷端温度变化而变化。如果配用仪表机械零位调整法进行校正，则仪表机械零位应调至冷端温度补偿器的平衡点温度（20℃）处，不必因冷端温度变化重新调整。

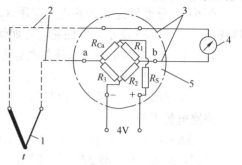

图 6-28　具有补偿电桥的热电偶测温电路
1—热电偶　2—补偿导线　3—铜导线
4—指示仪表　5—冷端补偿器

冷端温度补偿器在使用中应注意只能在规定的温度范围内与相应型号的热电偶配套使用；在与热电偶或补偿导线连接时，极性不能接反，否则会加大测量误差。

例 6-5　某 E 分度的热电偶测温系统，动圈仪表指示 506℃，后发现补偿导线接反，且冷端温度补偿器误用 K 分度的补偿器，若接线盒处温度 50℃，冷端温度补偿器处 30℃，求对象的实际温度值。

解： 由于未特殊指明，则冷端温度补偿器的平衡点温度视为 20℃，动圈仪表机械零位已调至 20℃，表内预置 $E_E(20,0)$。仪表指示 506℃，说明此时热电偶测温系统的实际总热电势为 $E(506,0)$，根据总热电势组成环节，可列写出实际热电偶测温系统的总热电势等式为

$$E_E(504,0)=E_E(t,50)-E_E(50,30)+E_K(30,20)+E_E(20,0)$$

查 E、K 分度表可知

$$E_E(504,0)=37.329mV；E_E(50,0)=3.048mV；$$

$$E_E(30,0)=1.801mV；E_K(30,0)=0.793mV；$$

$$E_K(20,0)=0.525mV；E_E(20,0)=1.192mV；$$

则　$E_E(t,0)=E_E(50,0)+E_E(50,0)-E_E(30,0)-K_K(30,0)+E_K(20,0)-E_E(20,0)$

$\qquad=37.329mV+6.068mV+3.068mV-1.801mV-0.793mV+0.525mV-1.192mV$

$\qquad=60.166mV$

查 E 分度表可知对象的实际温度为 $t=539.01℃$。

答： 对象的实际温度为 $t=539.01℃$。

有很多显示仪表的内部电路中根据补偿电桥原理或其他原理设置了冷端温度自动补偿功能，如配热电偶的电子电位差计（如 XWC 仪表）、数字显示仪表等，其电路设计相当于在表内自动预置热电势 $E(t_0,0)$，使仪表能够直接指示被测温度值，此时不必使用冷端温度补偿器。

5. 软件处理计算机系统　不必全靠硬件进行热电偶冷端处理。例如冷端温度恒定但不为 0℃ 的情况，只需在采样后加一个与冷端温度对应的常数即可。对于 T_0 经常波动的情况，可利用热敏电阻或其他传感器把 T_0 信号输入计算机，按照运算公式设计一些程序，便能自动修正。

6.3 热电偶温度传感器的应用

1. 热电偶的故障处理 热电偶与显示仪表配套组成测温系统来实现温度测量，因此，测温系统出现故障往往通过显示仪表反映出来。如果出现故障现象，需要首先判断故障是产生在热电偶回路方面还是显示仪表方面。为此可将补偿导线与显示仪表连接处拆开，用万用表测量热电偶回路电阻，观察线路电阻是否正常。若电阻明显不正常，则应检查热电偶及连接导线；若电阻基本正常，然后用便携式电位差计（如 UJ-36）测量输出电势。若输出电势正常，则故障在显示仪表方面；若输出电势不正常或无电势输出，则可按故障现象分析原因，对热电偶及连接导线等部分进行检查和修复。热电偶测温时产生的各种故障现象以及热电偶回路可能原因及处理方法如表 6-6 所示。

表 6-6 热电偶常见故障原因及处理方法

故 障 现 象	可 能 原 因	处 理 方 法
热电偶低于实际值（显示仪表示值偏低）	热电偶内部潮湿	保护管和热电极烘干，检查漏水原因
	热电极局部短路或接线盒处局部短路	取出热电极，查漏电原因。绝缘管绝缘不良，应予更换；清洁接线柱，排除短路原因，更换补偿导线或重新改接
	热电极腐蚀或变质	更换热电偶及补偿导线
热电偶高于实际值（显示仪表示值偏高）	补偿导线与热电偶不匹配	剪去变质部分，重焊工作端；或更新热电偶
	热电极变质	更换补偿断线
	绝缘破坏造成外电源进入热电偶回路	更换热电偶
	冷端温度偏高	检查干扰源并排除，修复或更换绝缘材料
热电势不稳（仪表示值常波动）	接线柱与测量端接触不良，时连时断	调整冷端温度或进行校正
	热电偶安装不牢或震动	将接线柱和热电极冷端擦净，重新拧紧；若存在断点，应焊接好
	外界干扰	采取减震措施，进行屏蔽或接地
无热电势输出（显示仪表无指示）	测量线路短路	找到短路处，接好，更换绝缘
	热电偶回路断线	找到短线处，重新连接
	接线柱松动	拧紧接线柱

热电偶在长期使用过程中，其热电极会与周围介质作用发生物理或化学变化，或由于机械作用，产生局部应力，使热电偶的热电特性发生改变，造成测量误差。因此热电偶经过使用后，应从外观鉴别其损坏程度，如损坏严重应予以报废，热电偶的损坏程度和鉴别方法如表 6-7 所示。

表 6-7　热电偶损坏鉴别及处理

损坏程度	铂铑$_{10}$-铂热电偶（贵金属）		廉价金属热电偶	
	外观现象	处理方法	外观现象	处理方法
轻度	呈现灰白色、少有量光泽	清洁和退火，检定合格后使用	有白色泡沫	将损坏段拆掉或热端冷端对调，焊好检定合格使用
中度	呈现乳白色、无光泽		有黄色泡沫	
轻严重	呈现黄色、硬化	热电特性变坏，应予报废	有绿色泡沫	热电特性变坏，应做报废处理
严重	呈黄色、脆、有麻面		硬化成糟渣	

2. **热电偶的误差分析**　在热电偶测温过程中，测量结果存在一定误差，主要原因有以下几方面。

（1）**热交换引起的误差**　热电偶测温，保护管插入深度 l，外部长度 l_0，被测介质温度 t，外部环境温度 t_0，设 $t > t_0$，由于热量将沿热电偶向外传导，工作端温度 $t_1 > t_0$；由于热电偶向外散热，$t_1 - t$ 的误差通常不等于零，为减小这种误差，可采取如下措施：

1）设备外部敷设绝缘层，减小设备壁与被测介质温差。

2）测量较高温度时，热电偶与器壁之间应加装屏蔽罩，以消除器壁与热电偶之间的直接辐射作用。

3）尽可能减小热电偶的保护管外径，宜细宜薄。但这与对保护管的强度、寿命要求有矛盾。

4）宜采用导热系数较小的材料做保护管，如不锈钢、陶瓷等。但这会增加导热阻力，使动态测量误差增加。

5）测量流动介质温度时，将工作端插到流速最高的地方，以保证介质与热电偶之间传热。

（2）**热惯性引起误差**　热电偶测量变化较快的温度时，由于热电偶存在热惯性，其温度变化跟不上被测对象的变化，产生动态测量误差。为减少动态误差可采用小惯性热电偶，把热电偶热端直接焊在保护管的底部或把热电偶的热端露出保护管外，并采取对焊以尽量减小热电偶的热惯性。

（3）**分度误差**　由于热电极材料存在化学成分的不均匀性，同一类热电偶的化学成分、微观结构和应力也不尽相同，同时热电偶使用过程中由于氧化腐蚀和挥发、弯曲应力以及高温下再结晶等导致热电特性发生变化，与分度不一致，形成分度误差，经热电偶校验可以测知。

3. **热电偶温度传感器的安装**　热电偶属接触式温度计，热电偶要与被测介质相接触。热电偶安装正确与否，严重影响测温精度。由于被测对象不同，环境条件不同，热电偶的安装方法和措施也不同，需要考虑多方面因素。

（1）**热电偶在管道或设备上的安装**　为确保测量的准确性，首先，根据管道或设备工作压力大小、工作温度、介质腐蚀性要求等方面，合理确定热电偶的结构形式和安装方式；其次，正确选择测温点，测温点要具有代表性，不应把热电偶插在被测介质的死角区域；热电偶工作端应处于管道流速较大处；最后，要合理确定热电偶的插入深度 l。一般在管道上安装取 150 ~ 200mm，在设备上安装可取 ≤600mm。热电偶在不同的管道公称直径和安装方式下，插入深度如表 6-8 所示。

表 6-8　热电偶插入深度　　　　　　　　　（单位：mm）

种　类 安装方式 连接件标 称直径	普通热电偶								铠装热电偶		
	直型连接头直插		45°连接头斜插		法兰 直插	高压套管			卡套螺纹直插		卡套法兰 直插
						固定套管	可换套管				
32	60	120	90	150	150	41	~		60	120	60
40	100	150	150	200	200	100	70		75	135	75
50	150	150	150	200	200	100	100		75	135	75
65	150	200	150	200	200	100	100		75	135	100
80	150	200	200	250	250	100	150		100	150	100
100	150	200	200	250	250	150	150		100	150	100
125	150	200	200	250	250	100	150		100	150	100
150	200	250	250	300	250	150	150		150	200	150
175	200	250	250	300	300	300	150		150	200	150
200	200	250	250	300	300				150	200	150
225									150	200	150
250									200	200	200
>250									200	200	200

1）插入深度的选取应当使热电偶能充分感受介质的实际温度。对于管道安装通常使工作端处于管道中心线 1/3 管道直径区域内。

2）在安装中常采用直插、斜插（45°）等插入方式，如果管道较细，宜采用斜插。在斜插和管道肘管（弯头处）安装时，形成顺流，如图 6-29 所示。

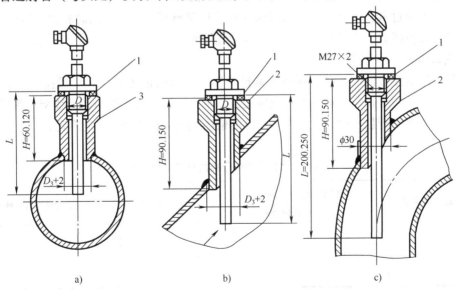

图 6-29　热电偶的插入方式

a）直插　b）斜插　c）肘管安装

1—垫片　2—45°连接头　3—直形连接头

对于在管道公称直径 $DN<80mm$ 的管道上安装热电偶时，可以采用扩大管，其安装方式如图6-30所示。

3）用热电偶测量炉膛温度时，应避免热电偶与火焰直接接触，避免安装在炉门旁或与加热物体距离过近之处。在高温设备上测温时，为防止保护套管弯曲变形，应尽量垂直安装。若必须水平安装，则当插入深度大于1m或被测温度大于700℃时，应用耐火粘土或耐热合金制成的支架将热电偶支撑住。

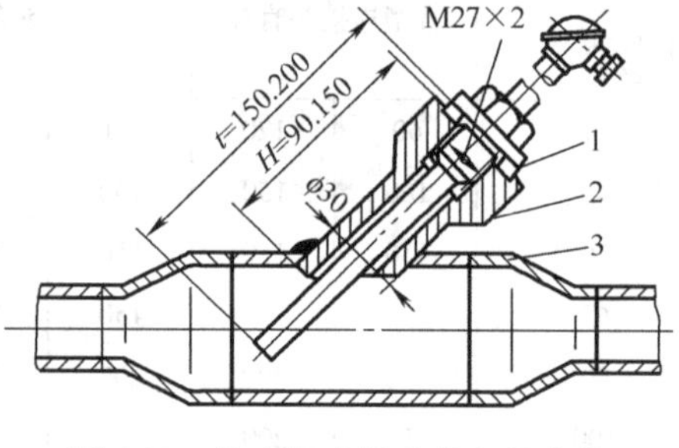

4）热电偶的接线盒引出线孔应向下，以防因密封不良而使水汽、灰尘与脏物落入接线盒中，影响测量。

5）为减少测温滞后，可在保护外套管与保护管之间加装传热良好的填充物，如变压器油（<150℃）或铜屑、石英砂（>150℃）等。

图6-30　热电偶在扩大管上的安装
1—垫片　2—45°连接头　3—温度计扩大管

（2）电线、电缆及补偿导线的敷设　仪表电气线路在安装区内，一般采用汇线槽、托盘或金属穿线管架空敷设。汇线槽敷设是信号传送管线、电力传输线在现场敷设的一种常用手段，汇线槽为金属结构、带盖。汇线槽内装填的就是电缆及管缆。当现场仪表电气线路在安装区内，一般采用汇线槽、托盘或金属穿线管架空敷设。

现场到控制室或现场内部之间，电线、电缆的数量较多时，宜采用汇线槽敷设。槽内填充系数（填充物总截面积占汇线槽截面积的比例）一般为20%~30%。各类电线、电缆在槽内应分类放置。对于交流220V的仪表电源线路和安全联锁线路，在槽内应利用隔离板与微弱仪表信号线路分开敷设。

金属穿线管常用于汇线槽至热电偶接线盒之间的敷设。穿线管宜用镀锌管或电线管，管内填充系数不超过40%。穿线管直管段长度每超过30m或弯曲角度的总和大于270℃时，应在适当位置设拉线盒。穿线管与热电偶接线盒连接时，应安装密封配件和金属软管。补偿导线截面积2.0mm的穿线管。

进行电线电缆敷设，首要问题是正确选择路线，应按最短途径集中成排敷设，减少弯曲，避免与各种管道相交。热电偶补偿导线最好单独敷设。信号线与动力线交叉敷设时，应尽量成直角；当平行敷设时，二者之间允许的最小距离应符合表6-9的规定，以避免产生噪声干扰。

表6-9　动力线与信号线间允许最小距离

动力线容量		动力线与信号线间允许最小距离/mm	动力线容量		动力线与信号线间允许最小距离/mm
电压/V	电流/A		电压/V	电流/A	
125	10	300	440	200	—
250	50	400	5000	800	—

电气线路走向应尽量避开热源、潮湿、有腐蚀性介质排放、易受机械损伤、强电磁场和强静电场干扰的区域。

思考与练习

6-1　什么是金属导体的热电效应？热电势是由哪几部分组成？热电偶产生热电势的必要条件是什么？

6-2　简述热电偶的几个重要定律，并分别说明其实用价值。

6-3　热电偶温度传感器主要由哪几部分组成？各起到什么作用？

6-4　热电偶为什么要温度补偿？常用的温度补偿方法有哪些？

6-5　什么是补偿导线？热电偶测量温度为什么要采用补偿导线？

6-6　用 K 型热电偶测量温度，已知冷端温度为 40℃，用高精度的毫伏表测量的这时的热电势为 29.188mV，求被测点温度。

6-7　用 K 型热电偶测量温度时，其仪表指示为 520℃，而冷端温度为 25℃，则实际温度为 545℃。请判断，前述对吗？为什么？正确值应为多少？

实训项目八　热电偶变送器校验

1. 试验目的

为使温度测量满足一定的精确度，仪表使用前应对仪表的基本性能进行定期校验，以确定其误差和性能。

2. 试验设备

1）电阻箱、直流电位差计。

2）五位数字电压表

3）0~30V 直流可变电源。

4）0.1 级电流表。

5）25Ω±0.01% 精密线绕电阻。

3. 试验原理

用标准电阻箱代替不同温度下的热电阻值、用手动电位差计输出标准电势代替热电势，作为变送器输入，以检查变送器输出。通过调节零点电位器、量程电位器使变送器的输出满足要求，再按温度变送器量程的 0%、25%、50%、75%、100% 五处检验点校验，以便确定其性能。

4. 试验步骤

（1）校验接线　按校验接线图 6-31、6-32 接好线，检查正确后通电预热 10min 后，就可进行校验。数字电压表和标准电流表选用其中之一。

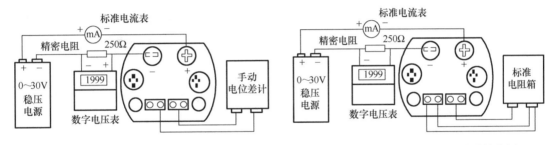

图 6-31　热电偶温度变送器校验接线图　　　　图 6-32　热电阻温度变送器校验接线图

（2）热电偶变送器校验

1）查热电偶所对应分度的分度表，列出温度-毫伏对照表，用精密玻璃温度计测量环境温度，并查出对应毫伏值 $E_{AB}(T_0, 0)$。将变送器量程上限温度按0%、25%、50%、75%、100%分为五挡。查热电势分度表，减去环境温度对应毫伏值，得到各校验温度下的输入毫伏值 $E_{AB}(T_0, 0)$。

2）输入零点信号（0mV），调节零点电位器使输出为（1.000 ± 0.020）V。输入满度信号，调节量程电位器使输出为（5.000 ± 0.020）V。反复调节零点、量程电位器使输出均满足要求。

3）分别输入0%、25%、50%、75%、100%，测量输出电压应分别为（1.000 ± 0.020）V、（2.000 ± 0.020）V、（3.000 ± 0.020）V、（4.000 ± 0.020）V、（5.000 ± 0.020）V。

（3）热电阻变送器校验

1）查热电阻的分度表，将变送器量程上限温度，按0%、25%、50%、75%、100%分为五挡，查出各校验点温度下的输入电阻值 R_m。

2）输入零点电阻 R_{t0}，调节零点电位器使输出为（1.000 ± 0.004）V。输入满度信号，调节量程电位器使输出为（5.000 ± 0.004）V。反复调节零点、量程电位器使输出均满足要求。

3）分别输入0%、25%、50%、75%、100%：测量输出电压应分别为（1.000 ± 0.004V）、（2.000 ± 0.004）V、（3.000 ± 0.004）V、（4.000 ± 0.004）V、（5.000 ± 0.004）V。

第 7 章 霍尔式传感器

霍尔传感器是一种磁传感器。用它可以检测磁场及其变化，可在各种与磁场有关的场合中使用。霍尔传感器以霍尔效应为其工作基础，利用霍尔元件将一些被测物理量如电流、磁场、位移、压力等，转换成电压信号。虽然霍尔传感器转换效率较低，温度影响大，要求转换精度较高时必须进行温度补偿，但由于它具有结构简单、体积小、坚固、灵敏度高、线性度好、稳定性高、频率响应宽、输出动态范围大、非接触、可靠性高、耐高温、易集成等优点，因此在测量技术、自动化技术、计算机装置和信息处理等方面得到了广泛应用。

7.1 霍尔式传感器的工作原理

7.1.1 霍尔效应

霍尔传感器是以霍尔元件作为其敏感和转换元件的传感器，而霍尔元件则是利用某些半导体材料的霍尔效应原理制成的。

如图 7-1 所示，一块长度为 L，宽度为 l，厚度为 d 的半导体薄片，当它被置于磁感应强度为 B 的磁场中，如果在它的相对两边通以控制电流 I，且磁场方向与电流方向正交，则在半导体的另外两边将会产生一个大小与控制电流 I 和磁感应强度 B 的乘积成正比的电势 U_H，即 $U_H = K_H IB$，其中 K_H 为霍尔元件的灵敏度，它的大小与薄片的材质有关，这一现象就是霍尔效应，该电势称为霍尔电势，半导体薄片就是霍尔元件。

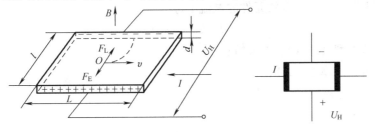

图 7-1 霍尔效应原理图及霍尔元件符号

7.1.2 基本原理

霍尔效应是半导体中的自由电荷受到磁场中的洛伦兹力作用而产生的。图 7-1 是一个 N 型半导体，N 型半导体的导电机制是自由电子沿着与电流 I 相反的方向运动，在磁场中自由电子将受到洛伦兹力 F_L 的作用，受力方向可由左手定则判定。由于洛伦兹力的作用，自由电子会向一侧偏转（如图中虚线所示），半导体薄片在该侧形成了自由电子的累积，而另一侧缺少电子，所以形成了电场。该电场对自由电子产生电场力 F_E，阻止自由电子继续偏转。当电场力与洛伦兹力相等时，自由电子的积累便达到了动态平衡。同时由于电荷的积聚，产生了静电场，该静电场称为霍尔电场。霍尔电场两端之间形成一个稳定的电势，就是霍尔电

势 U_H。

假设自由电子以匀速按图 7-1 所示方向运动，在磁感应强度 B 的作用下，电子所受洛伦兹力为

$$F_L = evB \tag{7-1}$$

式中　F_L——洛伦兹力（N）；

　　　　e——电子电量（1.602×10^{-19}C）；

　　　　v——电子速度（m/s）；

　　　　B——磁感应强度（Wb/m^2）。

霍尔静电场对电子的作用力 F_E 与洛伦兹力 F_L 的方向相反，将阻止电子继续偏转，电子所受电场力为

$$F_E = eE_H = e\frac{U_H}{l} \tag{7-2}$$

式中　F_E——电场力（N）；

　　　　E_H——霍尔电场强度（V/m）；

　　　　U_H——霍尔电势（V）；

　　　　l——霍尔元件宽度（m）。

当静电场作用于电子上的电场力 F_E 与洛伦兹力 F_L 相等时，自由电子积累达到动态平衡，即

$$e\frac{U_H}{l} = evB \tag{7-3}$$

得

$$U_H = vBl \tag{7-4}$$

对于 N 型半导体，通入霍尔元件的电流 I 为

$$I = jld = nevld \tag{7-5}$$

式中　j——电流密度（$j = nev$，A/m^2）；

　　　　d——霍尔元件厚度（m）；

　　　　n——N 型半导体的电子浓度（1/m^3）。

由式（7-5）可得

$$v = \frac{I}{neld} \tag{7-6}$$

将式（7-6）带入式（7-4）可得

$$U_H = \frac{IB}{ned} = K_H IB = R_H \frac{IB}{d} \tag{7-7}$$

式中 $R_H = 1/ne$ 为霍尔传感器的霍尔系数，$K_H = R_H/d = 1/ned$ 为霍尔元件的灵敏度。

式（7-7）中当 I、B 大小一定时，K_H 越大，则霍尔元件的输出电势越大，因此一般情况都希望 K_H 越大越好。

由于材料电阻率 ρ 与载流子浓度和迁移率 μ 有关，可得到载流体的电阻率与霍尔系数和载流子迁移率之间的关系为

$$\rho = \frac{R_H}{\mu} \tag{7-8}$$

将式（7-7）代入式（7-8）得霍尔电势 U_H 为

$$U_H = \frac{\rho\mu}{d}IB \tag{7-9}$$

由此可见，若想得到较强的霍尔电势，则半导体材料的电阻率必须要高，且迁移率也要大。虽然金属导体的载流子迁移率很大，但其电阻率低；绝缘体的电阻率很高，但其载流子迁移率低，因此最佳的霍尔传感器的材料只有半导体材料。一些霍尔元件材料的特性如表7-1所示。

表7-1　霍尔元件的材料特性

材　　料	迁移率 $\mu/(cm^2/V \cdot s)$		霍尔系数 $R_H/(cm^2/℃)$	禁带宽度 E_g/eV	霍尔系数温度特性 $/(\%/℃)$
	电子	空穴			
Ge1	3600	1800	4250	0.60	0.01
Ge2	3600	1800	1200	0.80	0.01
Si	1500	425	2250	1.11	0.11
InAs	28000	200	570	0.36	-0.1
InSb	75000	750	380	0.18	-2.0
GaAs	10000	450	1700	1.40	0.02

霍尔元件的灵敏度 $K_H = \frac{1}{ned}$，与 n、e、d 成反比关系，因此霍尔元件的灵敏度除了与本身的材质有关外，还取决于元件的厚度 d，厚度越小，则灵敏度越高。一般希望霍尔元件的灵敏度越高越好，但厚度太小，会使元件的输入输出电阻增加，因此，霍尔元件也不能做得太薄。

7.1.3　霍尔元件的基本结构及特性参数

1. 基本结构　霍尔元件结构简单，它由霍尔片、四根引线和壳体组成（见图7-2）。霍尔片是矩形半导体单晶薄片。在元件的长度方向的两个端面上焊有 a、b 两根控制电流端引线，通常用红色导线，其焊接处称为控制电流极（或称激励电极）；在元件的另两侧端面的中间以点的形式对称的焊接 c、d 两根霍尔端输出引线，通常用绿色导线，其焊接处称为霍尔电极。霍尔元件的壳体采用非导磁金属、陶瓷或环氧树脂封装，其外形如图7-2所示。

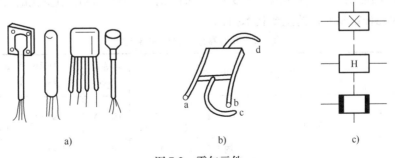

图7-2　霍尔元件

a）外形　b）结构　c）符号

霍尔元件在电路中可用图 7-2c 所示的三种符号表示。国产元件标注时常用 H 表示霍尔元件，后面的字母表示元件的材料，数字表示产品序号。例如，HS-1 元件表示是用砷化铟制作的元件。国产霍尔元件型号的命名方法如下：

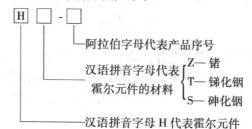

霍尔元件常采用 N 型硅（Si）、N 型锗（Ge）、砷化镓（GaAs）、砷化铟（InAs）及锑化铟（InSb）等半导体制作。用锑化铟半导体制成的霍尔元件灵敏度最高，但受温度的影响较大。用锗半导体制成的霍尔元件，虽然灵敏度较低，但它的温度特性及线性度较好。目前使用锑化铟霍尔元件的场合较多。

2. 主要技术指标

（1）输入电阻 R_i 和输出电阻 R_o 输入电阻 R_i 是指霍尔激励电极间的电阻值，输出电阻 R_o 是指霍尔输出电极间的电阻值。输入输出电阻都可以在无磁场时，用欧姆表来测量。输入电阻和输出电阻一般为 $100 \sim 200\Omega$，而且输入电阻大于输出电阻，但相差不太大，使用时应注意。

（2）额定控制电流 I_c 额定控制电流 I_c 为当霍尔元件自身温升 10℃ 时所流过的激励电流，I_c 大小与霍尔元件的尺寸有关：尺寸越小，I_c 越小。I_c 一般为几毫安至几十毫安。

（3）不等位电势 U_0 霍尔元件在额定控制电流 I_c 作用下，不外加磁场时，在输出端空载测得的霍尔电势差称为不等位电势（也称为不平衡电势），单位是 mV。它主要是由于两个电极不在同一等位面上以及材料电阻率不均匀等因素引起的，一般 $U_0 \leqslant 10\text{mV}$。不等位电势和额定控制电流 I_c 之比为不等位电阻 R_0。

（4）灵敏度 K_H 灵敏度是元件在单位磁感应强度和单位控制电流下所得到的开路霍尔电压，又称霍尔乘积灵敏度。

（5）霍尔电势温度系数 α 在一定的磁感应强度 B 和控制电流 I_c 的条件下，环境温度每变化 1℃ 时，霍尔电势变化的百分率，用 α 表示。这一参数对测量仪器十分重要。若仪器要求精度高时，要选择 α 值小的元件，必要时还要加温度补偿电路。

（6）电阻温度系数 β β 为温度每变化 1℃ 时霍尔元件材料的电阻变化的百分率。

表 7-2 为几种霍尔元件的主要技术指标。

表 7-2 几种霍尔元件的主要性能

型 号	控制电流 I_c/mA	空载霍尔电压 U_H/mV （$B=0.1\text{T}$）	输入电阻 R_i/Ω	输出电阻 R_o/Ω	灵敏度 K_H （mV/mA·T）	不等位电势 U_0/mV	U_H 的温度系数 $\alpha/(\%/℃)$	电阻温度系数 $\beta/(\%/℃)$	材料
EA218	100	>8.5	约 3	约 1.5	>0.35	<0.5	约 -0.1	约 0.2	InAs
FA24	100	>13	约 6.5	约 2.4	>0.75	<0.15	约 0.07	约 0.2	InAs P

（续）

型　号	控制电流 I_c/mA	空载霍尔电压 U_H/mV $(B = 0.1T)$	输入电阻 R_i/Ω	输出电阻 R_o/Ω	灵敏度 K_H $(mV/mA \cdot T)$	不等位电势 U_0/mV	U_H 的温度系数 $\alpha/(\%/℃)$	电阻温度系数 $\beta/(\%/℃)$	材料
KH-400A	5	250 ~ 550	240 ~ 550	50 ~ 1100	50 ~ 1100	10	- 0.1 ~ - 1.3	- 1.0 ~ 1.3	InSb
VHG-110	5	15 ~ 110	200 ~ 800	200 ~ 800	30 ~ 220	U_H 的 20% 之内	- 0.05		0.5	GaAs
AG1	20 (max)	>5	40	30	>2.5	—	- 0.02	—	Ge
HZ-1	20		110(±20% 误差)	100(±20% 误差)	15(±20% 误差)	0.1	0.03	0.5	Ge
6SH	1 ~ 5		200 ~ 1000	200 ~ 1000	20 ~ 150	1	0.4	0.3	GaAs
	5 ~ 10		170 ~ 350	小于输入	10 ~ 20	0.8	0.4		Si
KH400A	5		240 ~ 550	50 ~ 1100	50 ~ 1100	10	- 0.1 ~ 1.3	- 0.1 ~ 1.3	InSb

7.1.4　基本误差及其补偿

霍尔元件在实际应用时，存在多种因素影响其测量精度，造成测量误差的主要因素有两类：一是半导体固有特性；另外一个因素是半导体制造工艺的缺陷。其主要表现为零位误差和温度误差。

1. 不等位电势及其补偿　霍尔元件的零位误差包括不等位电势、寄生直流电势和感应零电势，其中不等位电势 U_0 是最主要的零位误差。要降低 U_0 除了在工艺上采取措施以外，还需采用补偿电路加以补偿。

霍尔元件是四端元件，可以等效为一个四臂电桥，如图 7-3 所示。控制电极 A、B 和霍尔电极 C、D 可看做电桥的电阻连接点，它们之间的分布电阻 R_1、R_2、R_3、R_4 构成四个桥臂，控制电压可视为电桥的工作电压。理想情况下不等位电势 $U_0 = 0$，对应于电桥的平衡状态，此时 $R_1 = R_2 = R_3 = R_4$。如果由于霍尔元件的某种结构原因造成 $U_0 \neq 0$，则电桥就处于不平衡状态，此时 R_1、R_2、R_3、R_4 的阻值有差异，U_0 就是电桥的不平衡输出电压。产生 U_0 的原因为等效电桥的四个桥臂电阻不相等，所以所有能使电桥达到平衡的方法都可用于补偿不等位电势。

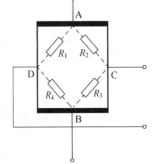

图 7-3　霍尔元件等效电路

对霍尔元件的不等位电势的几种补偿电路如图 7-4 所示。图 7-4a 是不对称补偿电路。这种电路结构简单易调整，但工作温度变化后原补偿关系遭到破坏；图 7-4b ~ d 是对称电路，因而在温度变化时补偿的稳定性要好些，但这种电路减小了霍尔元件的输入电阻，增大了输入功率，降低了霍尔电势的输出。

2. 温度误差及其补偿　霍尔元件与一般半导体器件一样，对温度很敏感，这是因为半导体材料的电阻率、载流子浓度等都随温度变化而变化。因此，霍尔元件的输入电阻、输出电阻、灵敏度等也将受到温度变化的影响，给测量带来较大的误差。为了减小由于温度带来的测量误差，除了选用温度系数小的霍尔元件，或采取一些恒温措施外，还可以采用以下的方法进行补偿。

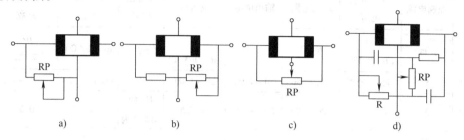

图7-4　不等位电势补偿电路

a）不对称补偿电路　b）、c）、d）对称电路

（1）采用恒流源提供控制电流　采用恒流源提供恒定的控制电流可以减小温度误差，但元件的灵敏度 K_H 也是温度的系数，对于具有正温度系数的霍尔元件，可在元件控制极并联分流电阻 R 来提高 U_H 的温度稳定性，如图7-5所示，令在初始温度 T_0 时，元件灵敏度系数为 K_{H0}、输入电阻为 R_{i0}，当温度由 T_0 变化到 T，即有 $\Delta T = T - T_0$ 时，各参数变化为：$R_i = R_{i0}(1 + \beta \Delta T)$，$K_H = K_{H0}(1 + \alpha \Delta T)$，式中，$\beta$ 为霍尔元件输入电阻 R_i 的温度系数，α 为灵敏度 K_H 的温度系数。

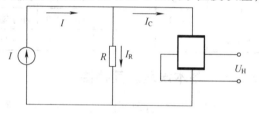

图7-5　温度补偿电路

由于温度为 T_0 时有

$$I_{c0} = I \frac{R}{R + R_{i0}} \tag{7-10}$$

在温度为 T 时有

$$I_c = I \frac{R}{R + R_{i0}(1 + \beta \Delta T)} \tag{7-11}$$

要使霍尔电势不随温度而变化，必须保证在磁感应强度 B 和电流 I 的值为常数，温度为 T_0 和 T 时有

$$U_{H0} = U_H \tag{7-12}$$

即有

$$K_{H0} I_{C0} B = K_H I_C B \tag{7-13}$$

那么

$$K_{H0} I \frac{R}{R + R_{i0}} = K_{H0}(1 + \alpha \Delta T) I \frac{R}{R + R_{i0}(1 + \beta \Delta T)} \tag{7-14}$$

整理得

$$R = \frac{\beta - \alpha}{\alpha} R_{i0} \tag{7-15}$$

当霍尔元件选定以后，R_{i0}、α、β 为定值，其值可在产品说明书中查到，由式7-15选择

适合的补偿分流电阻 R，使由于温度引起的误差降至极小。

（2）采用热敏元件　对于由温度系数较大的半导体材料（如锑化铟）制成的霍尔元件常采用如图 7-6 所示的温度补偿电路，图中 R_t 是热敏元件。图 7-6a 是在输入回路中串联一个负温度系数的热敏电阻 R_t，当温度升高时阻值减小，控制电流增大，用控制电流的变化来抵消霍尔元件的灵敏度 K_H 和输入电阻 R_i 的变化对霍尔电势 U_H 的影响，从而使温度误差得到补偿；图 7-6b 是在输出回路进行温度补偿的电路，即当温度变化时，用 R_t 的变化来抵消霍尔电势 U_H 和输出电阻 R_o 变化对负载电阻 R_L 上的电压的影响。

在安装测量电路时，热敏元件最好和霍尔元件封装在一起或尽量靠近，以使二者的温度变化一致。

（3）合理选择负载电阻　如图 7-7 所示的电路为霍尔元件的基本测量电路，电路中霍尔电势输出端接负载电阻 R_L，控制电流 I 由电源 U_{CC} 供给，电位器 R_P 用来调节控制电流 I 的大小。

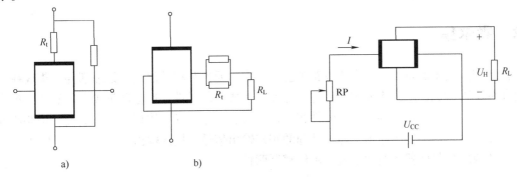

图 7-6　利用热敏元件的温度补偿电路　　　　图 7-7　霍尔元件的基本测量电路

a）在输入回路进行补偿　b）在输出回路进行补偿

已知霍尔元件的输出电阻 R_o 和霍尔电势 U_H 都是温度的函数（设 R_o 和 U_H 都是正温度系数），则在 R_L 上的电压为

$$U_L = \frac{U_{H0}(1 + \alpha\Delta T)}{R_L + R_{o0}(1 + \beta\Delta T)} \tag{7-16}$$

式中　α——霍尔元件灵敏度温度系数；

　　　β——霍尔元件电阻温度系数；

　　　R_{o0}——温度为 T_0 时元件输出电阻；

　　　U_{H0}——温度为 T_0 时元件霍尔电势。

要使负载上电压不随温度变化，则应满足

$$\frac{dU_L}{d(\Delta T)} = 0 \tag{7-17}$$

得到

$$R_L = R_{o0}\frac{\beta - \alpha}{\alpha} \tag{7-18}$$

当霍尔元件选定以后，R_{o0}、α、β 为定值，其值可在产品说明书中查到，因此，只要使

负载电阻 R_L 满足式（7-18），就可在输出回路实现对温度误差的补偿了。虽然 R_L 通常是放大器的输入电阻或表头内阻，其值是一定的，但可通过串、并联电阻来调整 R_L 的值。

（4）采用桥路温度补偿电路 如图7-8所示是霍尔电势的桥路温度补偿的电路，霍尔元件的不等位电势 U_0 用 R_P 来补偿，在霍尔输出极上串联一个温度补偿电桥，电桥的三个臂为锰铜电阻，其中一臂为锰铜电阻并联热敏电阻 R_x，当温度变化时，由于 R_x 发生变化，使电桥的输出发生变化，从而使整个回路的输出得到补偿。仔细调整电桥的温度系数，可使在 $\pm 40℃$ 的温度变化范围内，传感器的输出与温度基本无关。

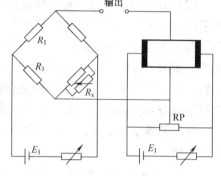

图7-8 桥路温度补偿电路

7.2 霍尔集成电路

随着集成技术的发展，用集成电路工艺把硅霍尔元件和相关的信号处理部件，集成在一个硅单片上而制成的单片集成霍尔元件，称作硅集成霍尔元件，也称硅集成霍尔器件或集成霍尔传感器。集成霍尔元件与分立元件相比，它具有可靠性高、体积小、重量轻、功耗低等优点。集成霍尔传感器的输出是经过处理的霍尔输出信号，按照输出信号的形式，它可分为开关型集成霍尔传感器和线性集成霍尔传感器两种。

7.2.1 开关型霍尔集成电路

开关型霍尔集成电路是把霍尔元件的输出经过处理后，输出一个高电平或低电平的数字信号。这种集成电路将霍尔元件、稳压电路、差分放大器、施密特触发器（具有回差特性）、OC门（集电极开路输出门）等电路做在同一个芯片上，如图7-9所示。当外加磁场强度超过规定的工作点时，霍尔元件将输出霍尔电势 U_H，该电势再经差分放大器放大后，送到施密特触发器，当放大后的 U_H 大于施密特触发器的开启阈值时，触发器翻转，输出高电平，使OC门由高阻态变为导通状态，输出变为低电平；当外加磁场强度低于释放点时，霍尔元件的输出霍尔电势 U_H 很小，即使经过放大器放大后，其输出值还小于施密特触发器的关闭阈值，触发器会再次翻转，输出低电平，使OC门重新变为高阻态，其输出只有低电平和高电平两种状态。这类器件中较典型的有 UGN3020、3022 系列等。该集成电路的输出开关信号可直接用于驱动继电器、三端双向可控硅、LED 等负载。

开关型霍尔集成电路的工作特性曲线如图7-10所示。由工作特性曲线可以看出，工作过程中有一定的磁滞 B_H，这对提高开关动作的可靠性非常有利。图7-10 中的 B_{OP} 为工作点"开"的磁感应

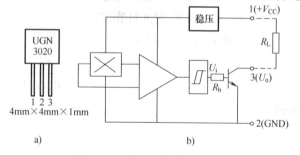

a)

图7-9 开关型霍尔集成电路

a）外形尺寸 b）内部电路框图

强度，B_{KP} 为释放点"关"的磁感应强度。

开关型霍尔集成电路的工作特性曲线反映了外加磁场与传感器输出电平的关系。当外加磁感应强度高于 B_{OP} 时，输出由高电平变低电平，传感器处于开状态。当外加磁感应强度低于 B_{KP} 时，输出由低电平变为高电平，传感器处于关状态。

开关型集成霍尔传感器中还包含一种双稳态型传感器，这种霍尔传感器也被称为锁键型传感器，如 UGN3075，它的工作曲线如图 7-11 所示。当外加磁感应强度超过工作点 B_{OP} 时，其输出为导通状态。当磁场撤销后，输出仍保持不变，必须施加反向磁场并使之超过释放点 B_{KP} 时，其输出才为关断状态。

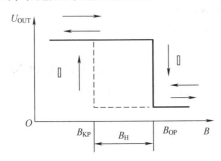

图 7-10　开关型霍尔集成电路的
施密特输出特性

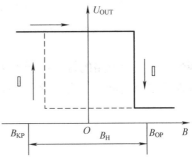

图 7-11　双稳态开关型集成霍尔传感器
的工作特性曲线

常用的霍尔开关集成器件有 UGN3000 系列，此系列的霍尔开关集成器件的电参数如表 7-3 所示。国产 CS3000 系列霍尔集成开关器件与 UGN3000 系列性能相当，可以选用。

表 7-3　霍尔开关集成器件的电参数

型　　号	工作点 B_{OP}/T	释放点 B_{H}/T	磁滞 B_{H}/T	输出低电平 U_{OL}/mV	输出电流 $I_{OH}/\mu A$	电源电流 I_{OC}/mA	输出上升时间 t_r/ns	输出下降时间 t_f/ns
UGN-3020	0.022 ~ 0.035	0.005 ~ 0.0165	0.002 ~ 0.0055	0.0085 ~ 0.04	0.1 ~ 2.0	5 ~ 9	15	100
UGN-3030	0.016 ~ 0.025	− 0.025 ~ − 0.011	0.002 ~ 0.005	0.01 ~ 0.04	0.1 ~ 1.0	2.5 ~ 5	100	500
UGN-3075	0.005 ~ 0.025	− 0.025 ~ − 0.005	0.01 ~ 0.02	0.0085 ~ 0.04	0.2 ~ 1.0	3 ~ 7	100	200

注：$T_A = 25℃$；$U_{CC} = 4.5 \sim 24V$。

7.2.2　线性型霍尔集成电路

线性型霍尔集成电路通常由霍尔元件、差分放大、射极跟随输出及稳压电路四部分组成，有的还把稳压和恒流电路也集成在一起。当外加磁场时，霍尔元件产生与磁场成线性比例变化的霍尔电压，再经放大器放大后输出。

线性型霍尔集成电路有单端输出和双端输出（差动输出）两种。外形结构有三端 T 型和八脚双列直插型，其电路框图和外形结构如图 7-12 所示。较典型的线性霍尔器件如 UGN3501 系列等。

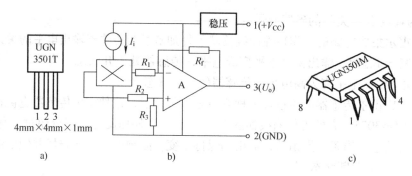

图 7-12　线性型霍尔集成电路

a）外形尺寸　b）内部电路框图　c）双端差动输出型外观

线性霍尔集成电路的输出电压与外加磁场强度成线性比例关系，图 7-13 为 UGN3501T 型号线性霍尔集成电路的输出特性。线性霍尔集成电路的技术参数如表 7-4 所示。

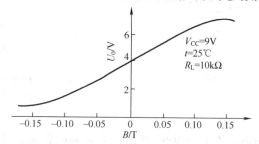

图 7-13　线性型霍尔集成电路输出特性

表 7-4　霍尔线性集成传感器的技术参数

型　号	电源电压 U_{CC}/V	电源电流 I_C/mA	静态输出 U_0/V	灵敏度 $K_H/mV/mA \cdot T$	带宽 Bw/kHz	工作温度 /℃	线性范围 B_L/T	外形尺寸 /mm
UGN3501T	8 ~ 16	10 ~ 20	2.5 ~ 5	3.5 ~ 7.0	25	− 10 ~ 70	± 0.15	4.6 × 4.5 × 2.05
UGN3501M	8 ~ 16	10 ~ 18	0.1 ~ 0.4	0.7 ~ 1.4	25	− 10 ~ 70	0 ~ 0.3	8 脚 DIP

开关型霍尔集成电路的输出只有低电平和高电平两种状态，而线性霍尔集成电路的输出却是对外加磁场的线性感应。因此，线性霍尔集成电路可广泛用于位置、力、重量、厚度、速度、磁场、电流等的测量或控制。

7.3　霍尔式传感器的应用

由于霍尔传感器具有在静态状态下感受磁场的独特能力，而且它具有结构简单、体积小、重量轻、频带宽（从直流到微波）、动态特性好寿命长和无触点等许多优点，因此在测量技术、自动化技术和信息处理等方面有着广泛应用。按被检测对象的性质可将它们的应用分为：直接应用和间接应用。前者是直接检测受检对象本身的磁场或磁特性，后者是检测受检对象上人为设置的磁场，这个磁场是被检测的信息的载体，通过它，将许多非电、非磁的物理量（例如位移、速度、加速度、角度、角速度、压力、功率、转数、转速以及工作状态发生变化的时间等）转变成电学量来进行检测和控制。

7.3.1　霍尔式位移传感器

霍尔式位移传感器可制成如图 7-14a 所示的结构，在极性相反、磁场强度相同的两个磁钢的气隙间放置一个霍尔传感元件，当控制电流 I_C 恒定不变时，霍尔电压 U_H 与外加磁感应强度 B 成正比；若磁场在一定范围内沿 x 方向的变化梯度 $\dfrac{dB}{dx}$ 为一常数（即均匀梯度的磁场中），如图 7-14b 所示，则当霍尔元件沿 x 方向移动时，霍尔电压变化为

$$\frac{dU_H}{dx} = R_H \frac{I_C}{d} \frac{dB}{dx} = K \tag{7-19}$$

式中，K 为位移传感器的输出灵敏度。

对式（7-19）积分后，得

$$U_H = Kx \tag{7-20}$$

由式（7-20）可见，霍尔电压与位移量 x 成线性关系，其输出电压的极性反映了元件位移的方向，磁场梯度越大，灵敏度越高，磁场梯度越均匀，输出线性度就越好。当 $x=0$ 时，则元件置于磁场中心位置，$U_H=0$。为了获得均匀的磁场梯度，往往将磁钢的磁极片设计成一种特殊形状，如图 7-14c 所示，霍尔式位移传感器可用来测量 $\pm 0.5\text{mm}$ 的小位移，其特点是惯性小、速度响应快、无触点测量，特别适用于微位移、机械振动等的测量。利用这一原理可以测量相关的非电量，如力、加速度、液位、压差等。若霍尔元件在均匀磁场内转动，则会产生与转角的正弦函数成比例的霍尔电压，可用来测量角位移。

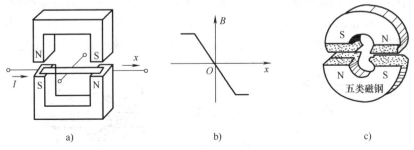

图 7-14　霍尔位移传感器
a）结构　b）磁场变化　c）磁钢

7.3.2　霍尔式电流传感器

霍尔式电流传感器的特点是能够测量直流电流，弱电回路与主回路隔离，能够输出与被测电流波形相同的"跟随电压"，容易与计算机及二次仪表接口对接，准确度高、线性度好、响应时间快、频带宽，不会产生过电压等。

霍尔电流传感器的原理如图 7-15 所示，用一环形（有时也可以是方形）导磁材料做成铁心，套在被测电流流过的导线（也称电流母线）上，将导线中电流感生的磁场聚集在铁心中。在铁心上开一条与霍尔传感器厚度相等的气隙，将霍尔线性 IC 紧紧地夹在气隙中央。电流母线通电后，磁力线就集中通过铁心中的霍尔 IC，霍尔 IC 就输出与被测电流成正比的输出电压或电流。

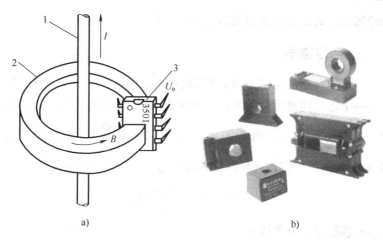

a) b)

图 7-15　霍尔电流传感器原理及外形
a）基本原理　b）外形
1—被测电流母线　2—铁心　3—线性霍尔 IC

7.3.3　霍尔式压力传感器

霍尔式压力传感器是一种将非电量转换成位移量的传感器，其原理如图 7-16 所示。霍尔式压力传感器一般由两部分组成：一部分是弹性元件，用它来感受压力，并将压力转换为位移量；另一部分是霍尔元件和磁系统。它通常是先用弹性元件将被测压力变换成位移，由于霍尔元件固定在弹性元件的自由端上，故弹性元件产生位移时会带动霍尔元件使它在线性变化的磁场中移动，从而输出霍尔电势。弹性元件可以是波登管也可以是膜盒，图 7-16 中弹性元件波登管一端固定，另一端为自由端，安装在霍尔元件之中。当输入压力增加时，波登管伸长，使霍尔元件在均匀梯度磁场中产生相应的位移，输出与压力成正比的霍尔电势。

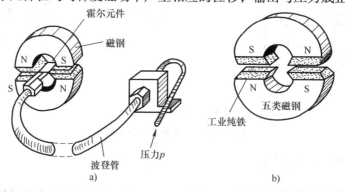

a) b)

图 7-16　霍尔式压力传感器示意图
a）结构原理　b）外形

7.3.4　霍尔式转速传感器

霍尔元件在恒定的电流作用下，它所感受的磁场强度发生变化时，输出的霍尔电势的值也发生相应的变化，霍尔式转速传感器就是根据这个原理工作的。

利用霍尔元件的开关特性可对转速进行测量。如图 7-17 所示，在被测转速的轴上安装一齿轮状的磁导体，对着齿轮，固定着一个马蹄状的永久磁铁，霍尔元件粘贴在永久磁铁表面，即安放在齿轮和永久磁铁中间，并通以恒定电流。当齿轮转动时，作用在元件上的磁通量发生变化，齿轮的齿对准磁极时，磁阻减小，磁通量增大；齿间隙对准磁极时，磁阻增大，磁通量减小。随着磁通量周期性变化，霍尔元件输出一系列脉冲信号。旋转一周的脉冲数，等于齿轮的齿数，因此通过对脉冲信号的频率测量即可测得旋转齿轮的转速。其测速范围很宽，为 $1 \sim 10^4 \text{r/s}$。

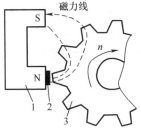

图 7-17　转速测量原理图
1—磁铁　2—霍尔元件　3—齿盘

　　如图 7-18 所示是几种不同结构的霍尔式转速传感器。转盘的输入轴与被测转轴相连，当被测转轴转动时，转盘随之转动，固定在转盘附近的霍尔传感器便可在每一个小磁铁通过时产生一个相应的脉冲，检测单位时间的脉冲数，便可知被测转速。根据磁性转盘上小磁铁数目多少就可确定传感器测量转速的分辨力。

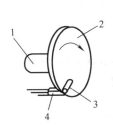 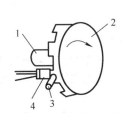 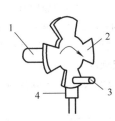 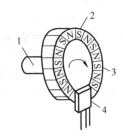

图 7-18　几种霍尔式转速传感器的结构
1—输入轴　2—转盘　3—小磁铁　4—霍尔传感器

　　以上几种霍尔转速传感器，配以适当的电路即可构成数字式或模拟式非接触式转速表。这种转速表对被测轴影响小，输出信号的幅值又与转速无关，因此测量精度高。

7.3.5　霍尔式功率传感器

　　由式（7-7）知，U_H 与 I 和 B 的乘积成正比，如果 I 和 B 是两个独立变量，霍尔器件就是一个简单实用的模拟乘法器；如果 I 和 B 分别与某一负载两端的电压和通过的电流有关，则霍尔器件便可用于负载功率测量。如图 7-19 所示是霍尔功率传感器原理图。负载所取电流流过铁心线圈以产生交变磁感应强度，电源电压经过降压电阻得到的交流电流流过霍尔器件，则霍尔器件输出电压便与电功率成正比，即

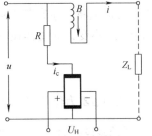

$$u_H = K_H i_c B = K_H K_i U_m \sin\omega t K_B I_m \sin(\omega t + \varphi)$$
$$= K U_m I_m \sin\omega t \sin(\omega t + \varphi) \qquad (7\text{-}21)$$

图 7-19　霍尔器件测电功率

则霍尔电压 u_H 的平均值为

$$U_H = \frac{1}{T}\int_0^T u_H \mathrm{d}t = \frac{1}{T}\int_0^T K U_m I_m \frac{1}{2}\big[\cos\varphi - \cos(2\omega t + \varphi)\big]\mathrm{d}t$$

$$= \frac{1}{2} K U_m I_m \cos\varphi = K_P UI\cos\varphi = K_P P \qquad (7\text{-}22)$$

式中　　K_H——霍尔灵敏度；

　　　　K_i——与降压电阻有关的系数；

　　　　K_B——与线圈有关的系数；

　　　　K_P——总系数；

　　U_m、I_m——电源电压与负载电流幅值；

　　　　φ——与负载有关的功率角；

　$P = UI\cos\varphi$——有功功率。

通过以上分析可知，霍尔器件输出电压与电功率成正比，因此可以通过测量霍尔器件的输出电压来测定电功率。

思考与练习

7-1　试述霍尔电势建立的过程。霍尔电势的大小和方向与哪些因素有关？

7-2　霍尔元件存在不等位电势的主要原因有哪些？如何补偿？补偿的原理是什么？

7-3　最佳的霍尔传感器的材料是什么材料？为什么？

7-4　集成霍尔传感器分为哪些类型？各有什么特点？

7-5　若一个霍尔器件的灵敏度 $K_H = 4\text{mV}/(\text{mA}\cdot\text{T})$，控制电流 $I = 3\text{mA}$，将它置于 $1\sim5\text{T}$ 变化的磁场中，它输出的霍尔电势范围多大？设计一个 20 倍的比例放大器来放大该霍尔电势。

实训项目九　霍尔式位移传感器实训

1. 试验目的

1) 掌握霍尔传感器工作原理与应用。

2) 通过静态位移量输入了解霍尔传感器工作特性。

2. 试验所需设备

霍尔式传感器实验模块、霍尔传感器、直流源 ±2V 或 ±4V、测微头、(0~2)V 数显单元。

3. 试验原理

霍尔元件置于磁感应强度为 B 的磁场中，在垂直于磁场方向通以电流 I，则与这二者垂直的方向上将产生霍尔电势差 $U_H = KIB$，式中 K 为元件的霍尔灵敏度。如果保持霍尔元件的电流 I 不变，而使其在一个均匀梯度的磁场中移动时，则输出的霍尔电势差变化量为

$$\Delta U_H = KI\frac{\mathrm{d}B}{\mathrm{d}Z}\Delta Z \tag{7-23}$$

式中 ΔZ 为位移量，此式说明若 $\dfrac{\mathrm{d}B}{\mathrm{d}Z}$ 为常数时，ΔU_H 与 ΔZ 成正比。

为实现均匀梯度的磁场，可以如图 7-20 所示两块相同的磁铁（磁铁截面积及表面磁感应强度相同）相对放置，即 N 极与 N 极相对，两磁铁之间留一等间距间隙，霍尔元件平行于磁铁放在该间隙的中轴上。间隙大小要根据测量范围和测量灵敏度要求而定，间隙越小，磁场梯度就越大，灵敏度就越高。磁场梯度越均匀，输出线性度越好。

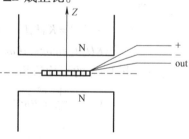

图 7-20　均匀梯度磁场示意图

霍尔电势差与位移量成线性关系，其极性反映了元件位移的方向。若磁铁间隙内中心截面处的磁感应强度为零，霍尔元件处于该处时，输出的霍尔电势差应该为零。当霍尔元件偏离中心沿 Z 轴发生位移时，由于磁感应强度不再为零，霍尔元件也就产生相应的电势差输出，其大小可以用数字电压表测量。由此可以将霍尔电势差为零时元件所处的位置作为位移参考零点。

4. 试验步骤

1) 将霍尔式传感器实验模块接上 ±15V 电源或快捷插座与实验台连接。K1、K2 选择在直流位置（见图 7-21）。

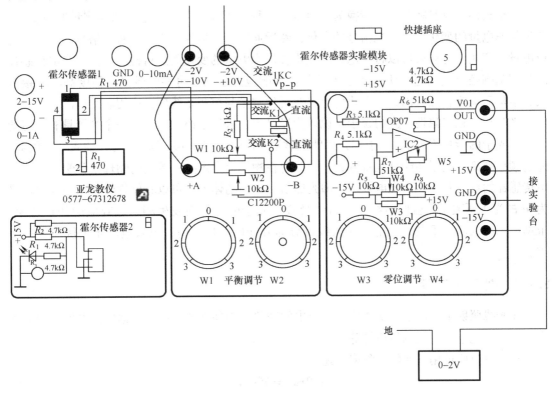

图 7-21 直流激励时霍尔式传感器的位移特性实验接线图

2) 开启电源，直流数显电压表选择 "2V" 挡，调节测微头使霍尔片在离霍尔元件 10mm 处，再调节 W3、W4 使数显表指示为零。

3) 将测微头向轴向方向推进，分别向左、右不同方向旋动测微头，每转动 0.2mm 记下一个读数，直到读数几乎不变，将读数填入表 7-5。

表 7-5 位移与电势数值

X/mm											
U/mV											

4) 做出 U-X 曲线，计算不同线性范围时的灵敏度和非线性误差，并定性给出结论。

第8章 光电式传感器

8.1 光电效应

光电式传感器是将光信号转换为电信号的一种传感器。利用光电传感器测量非电量时，首先将非电量的变化转换为光信号的变化，然后通过光电器件的作用，将光信号的变化转化成电量的变化，这样就可以将非电量的变化转换为电量的变化而进行检测。由于光电传感器的物理基础是光电效应，所以光电传感器具有响应速度快、可靠性较高、精度高、非接触式、结构简单等特点，因此光电式传感器在现代测量与控制系统中，应用非常广泛。

光具有波粒二象性。光的粒子学说认为光是由一群光子组成的，每一个光子具有一定的能量，光子的能量 $E = hf$，其中 h 为普朗克常数，$h = 6.626 \times 10^{-34}$ Js，f 为光的频率。因此，光的频率越高，光子的能量也就越大。光照射在物体上会产生一系列的物理或化学效应，光电传感器的理论基础就是光电效应，即光照射在某一物体上，可以看做物体受到一连串能量为 hf 的光子所轰击，被照射物体的材料吸收了光子的能量而发生相应电效应的物理现象。根据产生电效应的不同，光电效应大致可分为外光电效应、内光电效应、光生伏特效应三类。

8.1.1 外光电效应

在光线照射下，使电子从物体表面逸出的现象称为外光电效应。根据外光电效应制成的光电器件有光电管、光电倍增管等。

外光电效应可用下面的方程来描述

$$1/2mv^2 = hf - W \tag{8-1}$$

式中　v——电子逸出物体表面时的初速度（m/s）；

　　　m——电子质量（g）；

　　　W——金属材料的逸出功（金属表面对电子的束缚）。

式（8-1）即为著名的爱因斯坦光电方程，它揭示了光电效应的本质。根据爱因斯坦假设：一个电子只能接受一个光子的能量。因此要使一个电子从物体表面逸出，必须使光子能量 E 大于该物体的表面逸出功 W。各种不同的材料具有不同的逸出功 W，因此对某特定材料而言，将有一个频率限 ν_0（或波长限 λ_0），称为"红限"。当入射光的频率低于 ν_0 时（或波长大于 λ_0），不论入射光有多强，也不能激发电子；当入射频率高于 ν_0 时，不管它多么微弱也会使被照射的物体激发电子，光越强则激发出的电子数目越多。红限波长可用式（8-2）求得：

$$\lambda_0 = hc/W \tag{8-2}$$

式中　c——光速。

8.1.2　内光电效应

在光线照射下，使物体的电阻率发生改变的现象称为内光电效应，也称为光电导效应。根据内光电效应制成的光电器件有光敏电阻、光敏二极管与光敏晶体管等。

8.1.3　光生伏特效应

在光线照射下，使物体产生一定方向的电动势的现象称为光生伏特效应。根据光生伏特效应制成的光电器件有光电池等。

1. 势垒效应（结光电效应）　在接触的半导体和 PN 结中，当光线照射其接触区域时，便引起光电动势，这就是结光电效应。以 PN 结为例，光线照射 PN 结时，设光子能量大于禁带宽度 E_g，使价带中的电子跃迁到导带，而产生电子-空穴对，在阻挡层内电场的作用下，被光激发的电子移向 N 区外侧，被光激发的空穴移向 P 区外侧，从而使 P 区带正电，N 区带负电，形成光电动势。

2. 侧向光电效应　当半导体光电器件受光照不均匀时，有载流子浓度梯度将会产生侧向光电效应。当光照部分吸收入射光子的能量产生电子-空穴对时，光照部分载流子浓度比未受光照部分的载流子浓度大，就出现了载流子浓度梯度，因而载流子就要扩散。如果电子迁移率比空穴大，那么空穴的扩散不明显，则电子向未被光照部分扩散，就造成光照射的部分带正电，未被光照射部分带负电，光照部分与未被光照部分产生光电动势。基于该效应的光电器件如半导体光电位置敏感器件（PSD）。

8.2　光电器件

8.2.1　光电管

光电管是一种光敏元件，当它受到辐射后，能够从阴极释放出电子。光电管种类很多，它是个装有光阴极和阳极的真空玻璃管，结构如图 8-1 所示。当入射光线穿过光窗照到光电阴极上时，光子的能量传递给阴极表面的电子，当电子获得的能量足够大时，就有可能克服金属表面对电子的束缚（逸出功）而逸出金属表面形成电子发射，这种电子称为光电子。图 8-2 阳极通过 R_L 与电源连接在管内形成电场。当入射光线穿过光窗照到光电阴极上时，从阴极表面逸出的电子被具有正电压的阳极所吸引，在光电管内形成空间电子流，称为电流 I_0。光电流 I_0 正比于光电子数，而光电子数又正比于光通量。如果在外电流中串入一只适当阻值的电阻，则电路中的电流便转换为电阻上的电压。该电流或电压的变化与光成一定的函数关系，从而实现了光电转换。由于材料的逸出功不同，所以不同材料的光电阴极对不同频率的入射光有不同的灵敏度，人们可以根据检测对象是可见光或紫

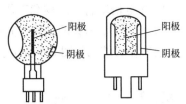

图 8-1　光电管结构

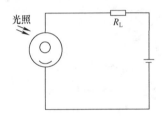

图 8-2　光电管受光照发射电子

外线而选择不同阴极材料的光电管。如果在玻璃管内充入惰性气体（如氩、氖等）即构成

充气光电管。由于光电子流对惰性气体进行轰击，使
其电离，产生更多的自由电子，从而提高光电变换的
灵敏度。目前紫外线光电管在工业检测中多用于紫外
线测量、火焰监测等，而可见光较难引起光电子的发
射。

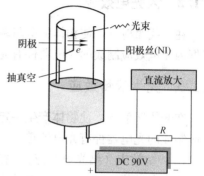

光电管分为真空光电管（见图8-3）和充气光电
管（见图8-4）两种。真空光电管（又称电子光电
管）由封装于真空管内的光电阴极和阳极构成。当入
射光线穿过光窗照到光阴极上时，由于外光电效应，
光电子就从极层内发射至真空。在电场的作用下，光
电子在极间作加速运动，最后被高电位的阳极接收，
在阳极电路内就可测出光电流，其大小取决于光照强
度和光阴极的灵敏度等因素。充气光电管（又称离子
光电管）由封装于充气管内的光阴极和阳极构成。它
不同于真空光电管的是，光电子在电场作用下向阳极
运动时与管中气体原子碰撞而发生电离现象。由电离
产生的电子和光电子一起都被阳极接收，正离子却反

图 8-3   真空光电管

图 8-4   充气离子光电管

向运动被阴极接收。因此在阳极电路内形成数倍于真空光电管的光电流。充气光电管的电极
结构也不同于真空光电管。

8.2.2   光电倍增管

光电倍增管是可将微弱光信号通过光电效应转变成电信号，并利用二次发射电极转为电
子倍增的电真空器件。它利用二次电子发射使逸出的光电子倍增，获得远高于光电管的灵敏
度，能测量微弱的光信号，其外形如图8-5所示。

1. 光电倍增管的结构和工作原理

（1）光电倍增管的结构   光电倍增管由光电阴极、倍增极、阳极、真空玻璃管等组成。
光电倍增管的结构如图8-6所示。

图 8-5   光电倍增管外形图

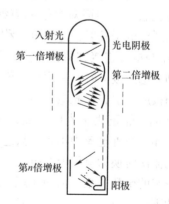

图 8-6   光电倍增管结构图

（2）光电倍增管的工作原理　光电倍增管阴极室的结构与光阴极的尺寸和形状有关，它的作用是把阴极在光照下由外光电效应产生的电子，聚焦在面积比光阴极小的第一倍增极的表面上。二次发射倍增系统是最复杂的部分，倍增极主要选择那些能在较小入射电子能量下有较高的灵敏度和二次发射系数的材料制成。常用的倍增极材料有锑化铯、氧化的银镁合金和氧化的铜铍合金等。倍增极的形状应有利于将前一级发射的电子收集到下一极。在各倍增极和阳极上依次加有逐渐增高的正电压，而且相邻两极之间的电压差应使二次发射系数大于 1。这样，光阴极发射的电子在第一倍增极电场的作用下以高速射向第二倍增极，产生更多的二次发射电子，这些电子又在第二倍增极电场的作用下向第三倍增极飞去。如此继续下去，每个光电子将激发成倍增加的二次发射电子。这样，一般经十次以上倍增，放大倍数可达到 108 ~ 1010。最后，在高电位的阳极收集到放大了的光电流。输出电流和入射光子数成正比。整个过程时间约 10^{-8} s。还有一种利用弯曲铅玻璃管自身内部的二次电子发射构成小巧的倍增管。光电倍增管在全暗条件下，加工作电压时也会输出微弱电流，称为暗流。它主要来源于阴极热电子发射。光电倍增管有两个缺点：①灵敏度因强光照射或因照射时间过长而降低，停止照射后又部分地恢复，这种现象称为"疲乏"；②光阴极表面各点灵敏度不均匀，最后被阳极收集。

2. 光电倍增管的主要参数

（1）暗电流　光电倍增管接上工作电压后，在没有光照的情况下阳极仍会有一个很小的电流输出，此电流即称为暗电流。光电倍增管在工作时，其阳极输出电流由暗电流和信号电流两部分组成。当信号电流比较大时，暗电流的影响可以忽略，但是当光信号非常弱，以至于阳极信号电流很小甚至和暗电流在同一数量级时，暗电流将严重影响对光信号测量的准确性。所以暗电流的存在决定了光电倍增管可测量光信号的最小值。一只好的光电倍增管，要求其暗电流小并且稳定。

（2）光谱响应特征　光电倍增管对不同波长的光入射的响应能力是不相同的，这一特性可用光谱响应率表示。在给定波长的单位辐射功率照射下所产生的阳极电流大小称为光电倍增管的绝对光谱响应率，表示为

$$S(\lambda) = I(\lambda)/P(\lambda) \qquad (8-3)$$

式中　$P(\lambda)$——入射到光阴极上的单色辐射功率；

　　　$I(\lambda)$——在该辐射功率照射下所产生的阳极电流；

　　　$S(\lambda)$——波长的函数，它与波长的关系曲线称为光电倍增管的绝对光谱响应曲线。

测量 $S(\lambda)$ 十分复杂，因此在一般测量中都是测量它的相对值。为此，可以把 $S(\lambda)$ 中的最大值当作一个单位对所有 $S(\lambda)$ 值进行归一化，这时就得到

$$S(\lambda) = S(\lambda)/S_{max}(\lambda) \qquad (8-4)$$

式中　$S(\lambda)$——光电倍增管的相对光谱响应率，它与波长的关系曲线称为光电倍增管的相对光谱响应曲线。

由式（8-4）可知，$S(\lambda) \leqslant 1$，是一个无量纲的量，只表示光电倍增管的光谱响应特征。相对光谱响应曲线与绝对光谱响应曲线仅差一个倍率 $S_{max}(\lambda)$。

3. 光电倍增管的应用　由于光电倍增管增益高和响应时间短，又由于它的输出电流和入射光子数成正比，所以它被广泛使用在天体光度测量和天体分光光度测量中。其优点是：测量精度高，可以测量比较暗弱的天体，还可以测量天体光度的快速变化。天文测光中，应

用较多的是锑铯光阴极的倍增管，如 RCA1P21。这种光电倍增管的极大量子效率在 4200 埃附近，为 20% 左右。还有一种双碱光阴极的光电倍增管，如 GDB-53。它的信噪比的数值较 RCA1P21 大一个数量级，暗流很低。为了观测近红外区，常用多碱光阴极和砷化镓阴极的光电倍增管，后者量子效率最大可达 50%。

普通光电倍增管一次只能测量一个信息，即通道数为 1。近来研制成多阳极光电倍增管，它相当于许多很细的倍增管组成的矩阵。由于通道数受阳极末端细金属丝的限制，目前只做到上百个通道。

8.2.3　光敏电阻

光敏电阻又称光导管，常用的制作材料为硫化镉，另外还有硒、硫化铝、硫化铅和硫化铋等材料。这些制作材料具有在特定波长的光照射下，其阻值迅速减小的特性。这是由于光照产生的载流子都参与导电，在外加电场的作用下作漂移运动，电子奔向电源的正极，空穴奔向电源的负极，从而使光敏电阻器的阻值迅速下降。

1. 光敏电阻的结构与工作原理

（1）光敏电阻的结构　通常，光敏电阻器都制成薄片结构，以便吸收更多的光能。当它受到光的照射时，半导体片（光敏层）内就激发出电子-空穴对，参与导电，使电路中电流增强。为了获得高的灵敏度，光敏电阻的电极常采用梳状图案，它是在一定的掩膜下向光电导薄膜上蒸镀金或铟等金属形成的。一般光敏电阻器结构如图 8-7 所示。

光敏电阻器通常由光敏层、玻璃基片（或树脂防潮膜）和电极等组成。光敏电阻器在电路中用字母 R 或 RG 表示：

（2）光敏电阻的工作原理　光敏电阻的工作原理是基于内光电效应。在半导体光敏材料两端装上电极引线，将其封装在带有透明窗的管壳里就构成光敏电阻，为了增加灵敏度，两电极常做成梳状。用于制造光敏电阻的材料主要是金属的硫化物、硒化物和碲化物等半导体。通常采用涂敷、喷涂、

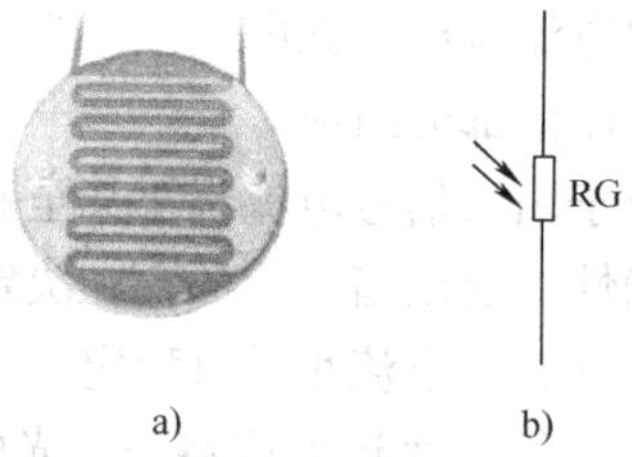

图 8-7　光敏电阻外形图
和电路符号
a) 外形　b) 结构

烧结等方法在绝缘衬底上制作很薄的光敏电阻体及梳状欧姆电极，接出引线，封装在具有透光镜的密封壳体内，以免受潮影响其灵敏度。在黑暗环境里，它的电阻值很高，当受到光照时，只要光子能量大于半导体材料的禁带宽度，则价带中的电子吸收一个光子的能量后可跃迁到导带，并在价带中产生一个带正电荷的空穴，这种由光照产生的电子-空穴对增加了半导体材料中载流子的数目，使其电阻率变小，从而造成光敏电阻阻值下降。光照越强，阻值越低。入射光消失后，由光子激发产生的电子-空穴对将复合，光敏电阻的阻值也就恢复原值。在光敏电阻两端的金属电极加上电压，其中便有电流通过，受到波长的光线照射时，电流就会随光强的而变大，从而实现光电转换。光敏电阻没有极性，纯粹是一个电阻器件，使用时既可加直流电压，也加交流电压。半导体的导电能力取决于半导体导带内载流子数目的多少。

光敏电阻具有灵敏度高，可靠性好以及光谱特性好，精度高、体积小、性能稳定、价格低廉等特点。因此，它广泛应用于光探测和光自控领域，如照相机、验钞机、石英钟、音乐杯、礼品盒、迷你小夜灯、光声控开关、路灯自动开关以及各种光控动物玩具，光控灯饰灯

具等。

2. 光敏电阻的分类　根据光敏电阻的光谱特性，光敏电阻器可分为三类：

紫外光敏电阻器对紫外线较灵敏，包括硫化镉、硒化镉光敏电阻器等，用于探测紫外线。

红外光敏电阻器主要有硫化铅、碲化铅、硒化铅、锑化铟等光敏电阻器，广泛用于导弹制导、天文探测、非接触测量、人体病变探测、红外光谱，红外通信等国防、科学研究和工农业生产中。

可见光光敏电阻器包括硒、硫化镉、硒化镉、碲化镉、砷化镓、硅、锗、硫化锌光敏电阻器等。主要用于各种光电控制系统，如光电自动开关门户，航标灯、路灯和其他照明系统的自动亮灭，自动给水和自动停水装置，机械上的自动保护装置和"位置检测器"，极薄零件的厚度检测器，照相机自动曝光装置，光电计数器，烟雾报警器，以及光电跟踪系统等方面。

3. 光敏电阻的主要参数

（1）光电流、亮电阻　光敏电阻器在一定的外加电压下，当有光照射时，流过的电流称为光电流，外加电压与光电流之比称为亮电阻，常用"100LX"表示。

（2）暗电流、暗电阻　光敏电阻在一定的外加电压下，当没有光照射的时候，流过的电流称为暗电流。外加电压与暗电流之比称为暗电阻，常用"0LX"表示。

（3）灵敏度　灵敏度是指光敏电阻不受光照射时的电阻值（暗电阻）与受光照射时的电阻值（亮电阻）的相对变化值。

（4）额定功率　额定功率是指光敏电阻用于某种电路中所允许消耗的功率，当温度升高时，其消耗的功率就降低。

（5）伏安特性曲线　伏安特性曲线用来描述光敏电阻的外加电压与光电流的关系，对于光敏器件来说，其光电流随外加电压的增大而增大。伏安特性曲线如图 8-8 所示。

（6）光照特性　光照特性指光敏电阻输出的电信号随光照强度而变化的特性。光照特性曲线如图 8-9 所示。从光敏电阻的光照特性曲线可以看出，随着的光照强度的增加，光敏电阻的阻值开始迅速下降。若进一步增大光照强度，则电阻值变化减小，然后逐渐趋向平缓。在大多数情况下，该特性为非线性。

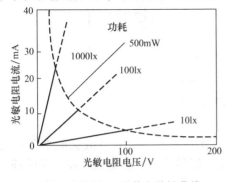

图 8-8　光敏电阻的伏安特性曲线

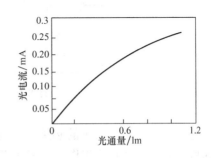

图 8-9　光敏电阻的光照特性曲线

（7）光谱响应　光谱响应又称光谱灵敏度，是指光敏电阻在不同波长的单色光照射下的灵敏度。若将不同波长下的灵敏度画成曲线，就可以得到光谱响应的曲线。光谱特性曲线如图 8-10 所示。

（8）温度系数　光敏电阻的光电效应受温度影响较大，部分光敏电阻在低温下的光电灵敏度较高，而在高温下的灵敏度则较低。其温度特性曲线如图 8-11 所示。

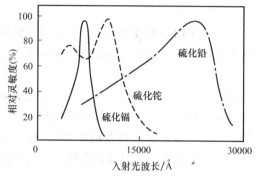

图 8-10　光敏电阻的光谱特性曲线

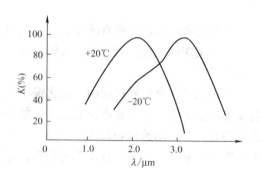

图 8-11　光敏电阻的温度特性

4. 光敏电阻的应用　光敏电阻属半导体光敏器件，除具灵敏度高，反应速度快，光谱特性及 r 值一致性好等特点外，在高温、多湿的恶劣环境下，还能保持高度的稳定性和可靠性，可广泛应用于照相机、太阳能庭院灯、草坪灯、验钞机、石英钟、音乐杯、礼品盒、迷你小夜灯、光声控开关、路灯自动开关以及各种光控玩具、光控灯饰、灯具等光自动开关控制领域。下面给出几个典型应用电路。

（1）光敏电阻调光电路　如图 8-12 所示是一种典型的光控调光电路，其工作原理是：当周围光线变弱时引起光敏电阻的阻值增加，使加在电容 C 上的分压上升，进而使晶闸管的导通角增大，达到增大照明灯两端电压的目的。反之，若周围的光线变亮，则 R_G 的阻值下降，导致晶闸管的导通角变小，照明灯两端电压也同时下降，使灯光变暗，从而实现对灯光照度的控制。

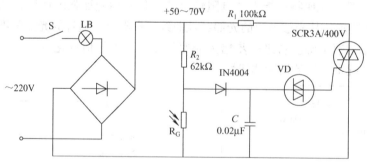

图 8-12　典型的光控调光电路

上述电路中整流桥给出的必须是直流脉动电压，不能将其用电容滤波变成平滑直流电压，否则电路将无法正常工作。原因在于直流脉动电压既能给晶闸管提供过零关断的基本条件，又可使电容 C 的充电在每个半周从零开始，准确完成对晶闸管的同步移相触发。

（2）光敏电阻式光控开关　以光敏电阻为核心元件的带继电器控制输出的光控开关电路有许多形式，如自锁亮激发、暗激发及精密亮激发、暗激发等等。图 8-13 所示是一种精密的暗激发时滞继电器开关电路。其工作原理是：当照度下降到设置值时由于光敏电阻阻值上升使运放 IC 的反相端电位升高，其输出激发 VT 导通，VT 的励磁电流使继电器工作，常开触点闭合，常闭触点断开，实现对外电路的控制。

8.2.4　光电池

光电池是一种在光的照射下产生电动势的半导体元件。光电池的种类很多，常用有硒光电池、硅光电池和硫化铊、硫化银光电池等。主要用于仪表、自动化遥测和遥控方面。有的光电池可以直接把太阳能转变为电能，这种光电池又叫太阳电池，如图 8-14 所示。太阳电池作为能源广泛应用在人造地球卫星、灯塔、无人气象站等处。

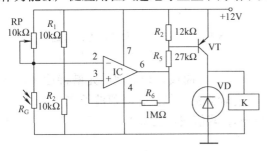

图 8-13　典型的光控调光电路

图 8-14　太阳电池

1. 光电池的结构与工作原理　光电池是一种直接将光能转换为电能的光电器件。硅光电池的结构如图 8-15a 所示。它是在一块 N 型硅片上用扩散的办法掺入一些 P 型杂质（如硼）形成 PN 结。当光照到 PN 结区时，如果光子能量足够大，将在结区附近激发出电子—空穴对，在 N 区聚积负电荷，P 区聚积正电荷，这样 N 区和 P 区之间出现电位差。若将 PN 结两端用导线连起来，电路中有电流流过，电流的方向由 P 区流经外电路至 N 区。若将外电路断开就可测出光生电动势。

光电池的工作原理如图 8-15b 所示。硅光电池是在一块 N（或 P）型硅片上，用扩散的方法掺入一些 P（或 N）型杂质，而形成一个大面积的 PN 结。当入射光照在 PN 结上时，PN 结附近激发出电子—空穴对，在 PN 结势垒电场作用下，将光生电子拉向 N 区，光生空穴推向 P 区，形成 P 区为正、N 区为负的光生电动势。若将 PN 结与负载相连接，则在电路上有电流通过。

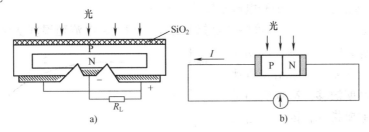

图 8-15　光电池的示意图

a）光电池的结构图　b）光电池的工作原理示意图

光电池的表示符号、基本电路及等效电路如图 8-16 所示。

2. 光电池的基本特性

（1）光照特性　开路电压曲线：光生电动势与照度之间的特性曲线，当照度为2000lx时趋向饱和。短路电流曲线：光电流与照度之间的特性曲线。短路电流，指外接负载相对于光电池内阻而言是很小的。光电池在不同照度下，其内阻也不同，因而应选取适当的外接负载近似地满足"短路"条件。图8-17表示硒光电池在不同负载电阻时的光照特性。从中可以看出，负载电阻 R_L 越小，光电流与强度的线性关系越好，且线性范围越宽。

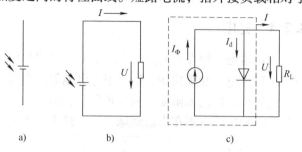

图8-16　光电池符号和基本工作电路
a）符号　b）基本电路　c）等效电路

（2）光谱特性　光电池的光谱特性是指相对灵敏度和入射光波长之间的关系。图8-18所示为硒光电池和硅光电池的光谱特性曲线。光电池的光谱特性决定于材料。从曲线可看出，硒光电池在可见光谱范围内有较高的灵敏度，峰值波长在540nm附近，适宜测可见光。硅光电池应用的范围400~1100nm，峰值波长在850nm附近，因此硅光电池可以在很宽的范围内应用。

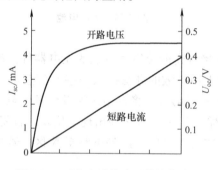

图8-17　硅光电池的光照特性曲线图

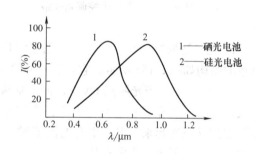

图8-18　硒光电池和硅光电池的光谱特性曲线

（3）频率特性　光电池作为测量、计数、接收元件时常用调制光输入。光电池的频率响应就是指输出电流随调制光频率变化的关系。由于光电池 PN 结面积较大，极间电容大，故频率特性较差。图8-19所示为光电池的频率响应曲线。由图8-19可知，硅光电池具有较高的频率响应，如曲线2，而硒光电池则较差，如曲线1。

（4）温度特性　光电池的温度特性是指开路电压和短路电流随温度变化的关系。由图8-20可见，开路电压与短路电流均随温度而变化，它将关系到应用光电池的仪器设备的温度漂移，影响到测量或控制精度等主要指标，因此，当光电池作为测量元件时，最好能保持温度恒定，或采取温度补偿措施。

光电池是太阳能电力系统内部的一个组成部分，太阳能电力系统在替代现在的电力能源方面正有着越来

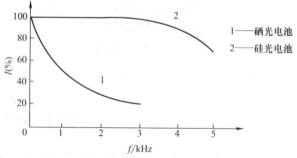

图8-19　光电池的频率特性曲线

重要的地位。最早的光电池是用掺杂的氧化硅来制作的，掺杂的目的是为了影响电子或空穴的行为。其他的材料，例如 CIS，CdTe 和 GaAs，也已经被开发用来作为光电池的材料。有二种基本类型的半导体材料，分别叫做正电型（或 P 型态）和负电型（或 N 型态）。在一个 PV 电池中，这些材料的薄片被一起放置，而且它们之间的实际交界叫做 PN 结。通过这种结构方式，PN 结暴露于可见光，红外光或紫外线下，当射线照射到 PN 结的时候，在 PN 结的两侧产生电压，这样连接到 P 型材料和 N 型材料上的电极之间就会有电流通过。一套 PV 电池能被一起连接形成太阳的模组、行列或面板。PV 电池的主要优点之一是没有污染，只需要装置和阳光就可工作。另外的一个优点是太阳能是无限的。一旦该

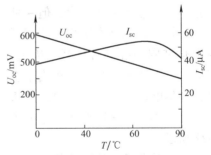

图 8-20　硅光电池在 1000lx 照度下的温度特性曲线

系统被安装，它能在数年内提供能量而不需要花费，并且只需要最小的维护。

　　光电池也叫太阳能电池，直接把太阳光转变成电。因此光电池的特点是能够把地球从太阳辐射中吸收的大量光能转化换成电能。

8.2.5　光敏二极管、光敏晶体管

　　1. 工作原理　光敏二极管、光敏晶体管的工作原理基于内光电效应。光敏二极管和光电池一样，其基本结构也是一个 PN 结。它和光电池相比，重要的不同点是结面积小，因此它的频率特性特别好。光生电势与光电池相同，但输出电流普遍比光电池小，一般为几微安到几十微安。按材料分，光敏二极管有硅、砷化镓、锑化铟光敏二极管等许多种。按结构有同质结与异质结之分。

　　光敏二极管和普通二极管相比虽然都属于单向导电的非线性半导体器件，但在结构上有其特殊的地方。光敏二极管在电路中的符号如图 8-21 所示。光敏二极管的 PN 结装在透明管壳的顶部，可以直接受到光的照射。使用时要反向接入电路中，即 P 极接电源负极，N 极接电源正极。无光照时，与普通二极管一样，反向电阻很大，电路中仅有很小的反向饱和漏电流，称为暗电流。当有光照时，PN 结受到光子的轰击，激发形成光生电子-空穴对，因此在反向电压作用下，反向电流大大增加，形成光电流。光照越强，光电流越大，即反向偏置的 PN 结受光照控制。

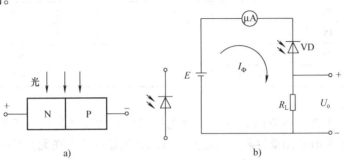

图 8-21　光敏二极管
a）结构模型和符号　b）基本电路

光敏晶体管和普通晶体管相似，也有电流放大作用，只是它的集电极电流不只是受基极电路和电流控制，同时也受光辐射的控制。通常基极不引出，但一些光敏晶体管的基极有引出，用于温度补偿和附加控制等作用。因此，光敏晶体管实质上是一种相当于在基极和集电极之间接有光敏二极管的普通晶体管。其结构及符号如图8-22 所示。

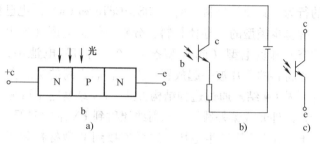

图 8-22　光敏晶体管
a）结构模型　b）基本电路　c）符号

当入射光子在基区及集电区被吸收而产生电子-空穴对时，便形成光电流。由此产生的光生电流由基极进入发射极，从而在集电回路中得到一个放大了 B 倍的电流信号。光敏晶体管的结构同普通晶体管一样，有 PNP 型和 NPN 型。在电路中，同普通晶体管的放大状态，所以光敏晶体管比光敏二极管有着更高的灵敏度。

2. 主要参数　光敏二极管主要参数如表 8-1 所示，光敏晶体管主要参数如表 8-2 所示。

表 8-1　光敏二极管的主要参数

型　　号	暗电流/μA	光电流/μA	灵敏度/μA/μW	光谱范围/μm	峰值波/μm
2AU	<10	30～60	>1.5	0.4～1.9	1.465
2CUI	≤0.1	80～130	>0.5	0.4～1.1	0.98
2DUA	≤0.1	>6	≥0.4	0.4～1.9	0.98

表 8-2　光敏晶体管的主要参数

型　　号	最高工作电压/V	暗电流/μA	光电流/mA	上升时间/μs	下降时间/μs	峰值波长/μm
3DU2B	30	≤0.1	≥0.3	≤5	≤5	900
3DU2C	30	≤0.1	≥1	≤5	≤5	900
3DU5A	15	≤1	≥2	≤5	≤5	900
3DU5B	30	≤0.5	≥2	≤5	≤5	900
3DU5C	30	≤0.2	≥3	≤5	≤5	900
3DU5S-A	15	≤1	≥1	≤5	≤5	900
3DU5S-B	30	≤0.5	≥2	≤5	≤5	900
3DU5S-C	30	≤0.2	≥3	≤5	≤5	900

（1）暗电流　光敏二极管的暗电流是指光敏二极管无光照射时还有很小的反向电流。暗电流决定了低照度时的测量界限。光敏晶体管的暗电流就是它在无光照射时的漏电流。

（2）短路电流　光敏二极管的短路电流是指 PN 结两端短路时的电流，其大小与光照度成比例。

（3）正向电阻和反向电阻　当无光照射时，光敏二极管正向电阻和反向电阻均很大。

当有光照射时，光敏二极管有较小的正向电阻和较大的反向电阻。

3. 基本特性

（1）光照特性　从图 8-23 所示的光敏二极管和光敏晶体管的光照特性可以看出，光敏二极管的光电流与光照强度呈线性关系；而光敏晶体管光照特性的线性没有二极管的好，而且在照度小时，光电流随照度的增加而增加得较小，即起始要慢。当光照足够大时，输出电流又有饱和现象，这是由于晶体管的电流放大倍数在小电流和大电流时都下降的缘故。光敏晶体管的曲线斜率大，其灵敏度要高。

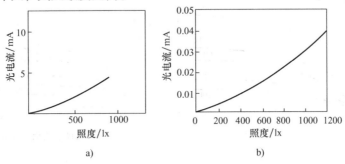

图 8-23　光敏二极管和光敏晶体管的光照特性

a）光敏晶体管的光照特性　b）光敏二极管的光照特性

（2）光谱特性　光敏二极管的光谱特性如图 8-24 所示。光敏二极管在入射光照度一定时，光电流随光波波长的变化而变化。一种光敏二极管只对一定波长的入射光敏感，这就是它的光谱特性。由曲线可以看出，不管是硅管或锗管，当入射光波长增加时，相对灵敏度都下降。从曲线还可以看出，不同材料的光敏二极管，其光谱响应峰值波长也不同。硅管的峰值波长为 0.8nm 左右，锗管的为 1.4nm，由此可以确定光源与光电器件的最佳匹配。由于锗管的暗电流比硅管大，因此锗管性能较差。故在探测可见光或赤热物体时，都用硅管；但对红外光进行探测时，采用锗管比较合适。

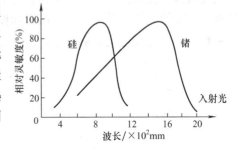

图 8-24　光敏二极管和光敏晶体管
的光谱特性

（3）伏安特性　图 8-25a 所示为光敏二极管的伏安特性。由于光敏二极管反向偏置，所以它的伏安特性在第三象限。流过它的电流与光照度成正比，而基本上与反向偏置电压 U_d 无关。当 $U = 0$ 时只要有光照，就仍然有电流流出光敏二极管，相当于光电池，只是由于其 PN 结面积小，产生的光电效应很弱。光敏二极管正常使用时应施加 1.5V 以上的反向工作电压。图 8-25b 所示为光敏晶体管的伏安特性，与一般晶体管在不同基极电流下的输出特性相似，只是将不同的基极电流换作不同的光照度。光敏晶体管的工作电压一般应大于 3V。若在伏安特性曲线上作负载线，可求得某光强下的输出电压 U_{ce}。

（4）响应时间　硅光敏二极管的响应时间约为 $10^{-6} \sim 10^{-7}$s 左右，光敏晶体管的响应速度则比相应的二极管大约慢一个数量级，而锗管的响应时间要比硅管小一个数量级。因此在要求快速响应或入射光调制频率较高时，应选用硅光敏二极管。

　　由于光敏晶体管基区的电荷存储效应，所以在光强度低和无光照时，光敏晶体管的饱和与截止需要更多的时间，所以它对入射调制光脉冲的响应时间更慢，最高工作频率更低。

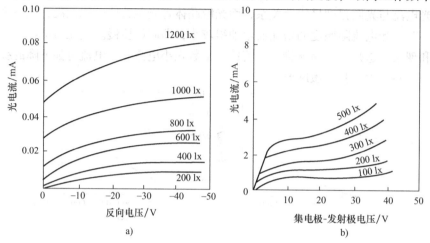

图 8-25　光敏二极管和光敏晶体管的伏安特性

a）光敏二极管的伏安特性　b）光敏晶体管的伏安特性

　　（5）温度特性　温度变化对亮电流的影响不大，但对暗电流影响非常大，并且是非线性曲线的，在微光测量中有较大误差。硅管的暗电流比锗管小几个数量级，所以在微光测量中应采用硅管。另外由于硅光敏晶体管的温漂大，所以尽管光敏晶体管灵敏度较高，但是在高精度测量中应选择硅光敏二极管。可采用低温漂、高精度的运算放大器来提高精度。光敏二极管和光敏晶体管的温度特性曲线如图 8-26 所示。从图中可以看出，温度变化对暗电流影响较大，而对光电流影响较小。

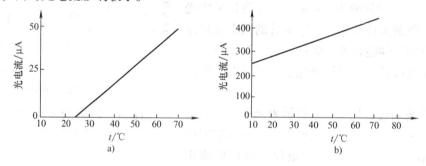

图 8-26　光敏二极管和光敏晶体管的温度特性曲线

a）光敏晶体管的温度特性　b）光敏二极管的温度特性

4. 光敏晶体管的应用

　　（1）测量光亮度　在教室、图书馆、宿舍和教室等场所，白天虽然很亮但还要开灯，造成一定的浪费。可以利用光敏晶体管和电磁继电器设计一个控制电路，安装在这些场所。当亮度达到一定程度的时候，荧光灯无法正常启动或者被强制关闭，从而达到节约能源的目的。

　　因为每一个教室的明亮程度并不一定相同，因此可以选取多个采光点，即采用多点取样。例如在 20 个教室中都安放光敏晶体管，可以设置成如果全部或者大部分亮度都很高，荧光灯就无法正常启动。

如果是阴天亮度不够，荧光灯可以开启。如果不久天气又放晴了，需要使荧光灯自动关闭，可以在采光点所在的教室外面再安装一个采光点，当室内外强度的差值缩小到一定范围时，认为荧光灯的作用可以忽略了，荧光灯就会自动关闭。

如果教室外面正下雨，教室里面荧光灯亮着，为了避免闪电使得外面瞬间变亮，荧光灯自动关闭，可以在电路中安装计数器，使得亮度差维持一定时间才可以使荧光灯强制关闭。

（2）光电隔离　光敏晶体管的另一个作用是传输信号，光耦合器（Optical Coupler，英文缩写为 OC）亦称光电隔离器，简称光耦。光耦合器以光为媒介传输电信号。它对输入、输出电信号有良好的隔离作用，所以，它在各种电路中得到广泛的应用。目前它已成为种类最多、用途最广的光电器件之一。光耦合器一般由三部分组成：光的发射、光的接收及信号放大。输入的电信号驱动发光二极管（LED），使之发出一定波长的光，被光探测器接收而产生光电流，再经过进一步放大后输出。这就完成了电-光-电的转换，从而起到输入、输出、隔离的作用。由于光耦合器输入输出间互相隔离，电信号传输具有单向性等特点，因而具有良好的电绝缘能力和抗干扰能力。又由于光耦合器的输入端属于电流型工作的低阻器件，因而具有很强的共模抑制能力。所以，它在长线传输信息中作为终端隔离器件可以大大提高信噪比。在计算机数字通信及实时控制中作为信号隔离的接口器件，可以大大增加计算机工作的可靠性。

1）光耦合器的主要优点是：信号单向传输，输入端与输出端完全实现了电气隔离，输出信号对输入端无影响，抗干扰能力强，工作稳定，无触点，使用寿命长，传输效率高。光耦合器是 20 世纪 70 年代发展起来的新型器件，现已广泛用于电气绝缘、电平转换、级间耦合、驱动电路、开关电路、斩波器、多谐振荡器、信号隔离、级间隔离 、脉冲放大电路、数字仪表、远距离信号传输、脉冲放大、固态继电器（SSR）、仪器仪表、通信设备及微机接口中。在单片开关电源中，利用线性光耦合器可构成光耦反馈电路，通过调节控制端电流来改变占空比，达到精密稳压目的。

2）光耦合器的结构　光耦合器的结构如图 8-27 所示。

①图 8-27a 金属密封型，采用金属外壳和玻璃绝缘的结构，在其内部对接，采用环焊以保证发光二极管和光敏二极管对准，以此来提高灵敏度。

②图 8-27b 塑料密封型，采用双列直插式用塑料封装的结构。管心先装于管脚上，中间再用透明树脂固定，具有集光作用，故此种结构灵敏度较高。

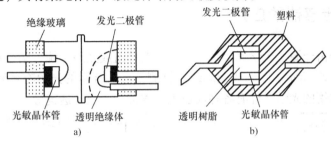

图 8-27　光耦合器的结构

a）金属密封型　b）塑料密封型

3）光耦合器的组合形式　光耦合器的组合形式有多种，如图8-28所示。

图8-28a的形式结构简单、成本低，通常用于50kHz以下工作频率的装置内。

图8-28b的形式采用高速开关管构成的高速光耦合器，适用于较高频率的装置中。

图8-28c的组合形式采用了放大晶体管构成的高传输效率的光耦合器，适用于直接驱动和较低频率的装置中。

图8-28d的形式采用功能器件构成的高速、高传输效率的光耦合器。

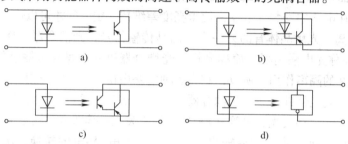

图8-28　光耦合器的组合形式

a）晶体管型　b）高速开关管型　c）放大晶体管型　d）功能器件型

4）光耦合器工作原理　用于传递模拟信号的光耦合器的发光器件为发光二极管、光接收器为光敏晶体管。当有电流通过发光二极管时，便形成一个光源，该光源照射到光敏晶体管表面上，使光敏晶体管产生集电极电流，该电流的大小与光照的强弱，亦即流过二极管的正向电流的大小成正比。由于光耦合器的输入端和输出端之间通过光信号来传输，因而两部分之间在电气上完全隔离，没有电信号的反馈和干扰，故性能稳定，抗干扰能力强。发光管和光敏管之间的耦合电容小（2pF左右）、耐压高（2.5kV左右），故共模抑制比很高。输入和输出间的电隔离度取决于两部分供电电源间的绝缘电阻。此外，因其输入电阻小（约10Ω），对高内阻源的噪声相当于被短接。因此，由光耦合器构成的模拟信号隔离电路具有优良的电气性能。

（3）非接触测量转速　转矩传感器在旋转轴上安装着一个具有60条齿缝的测速轮，在传感器外壳上安装的一只由发光二极管及光敏晶体管组成的槽型光电开关架，测速轮的每一个齿将发光二极管的光线遮挡住时，光敏晶体管就输出一个高电平，当光线通过齿缝射到光敏管的窗口时，光敏管就输出一个低电平，旋转轴每转一圈就可得到60个脉冲，因此，每秒钟检测到的脉冲数恰好等于每分钟的转速值。

8.3　光电式传感器的应用

光电式传感器由光源、光学元器件和光电元器件组成光路系统，结合相应的测量转换电路而构成，如图8-29所示。图中X_1和X_2为被测信号。常用的光源有各种白炽灯、发光二极管和激光等，常用的光学元件有各种反射镜、透镜和半反半透镜等。

图8-29　光电传感器组成框图

8.3.1　光电式传感器的类型

　　光电式传感器在检测与控制中应用非常广泛，按输出形式可以分为模拟式传感器和脉冲式传感器两种。按光的传输路径可以分为反射式与遮断式两种。按被测物、光源、光敏元件三者间的关系，可以将光电式传感器分为以下四种类型，如图 8-30 所示。

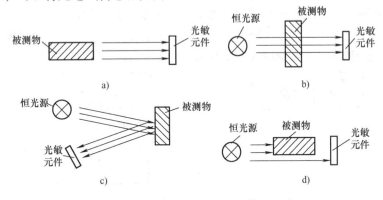

图 8-30　模拟式光电传感器的常见形式
a) 被测物是光源　b) 被测物吸收光通量　c) 被测物是有反射能力的表面
d) 被测物遮蔽光通量

　　1）被测物是光源，它可以直接照射在光电元器件上，也可以经过一定的光路后作用到光电器件上，光电元器件的输出反映了光源本身的某些物理参数，如图 8-30a 所示。如光电比色高温计和照度计等。

　　2）恒定光源发射的光通量穿过被测物，其中一部分由被测物吸收，剩余部分投射到光电元件上，吸收量取决于被测物的某些参数（如测量透明度、浑浊度等），如图 8-30b 所示。

　　3）恒定光源发出的光投射到被测物上，再从被测物体反射到光电元器件上。反射光通量取决于反射表面的物质、状态和与光源之间的距离（如测量工件表面粗糙度、纸张白度等），如图 8-30c 所示。

　　4）从恒定光源发出的光通量在到达光电元件的途中受到被测物的遮挡，使投射到光电元件上的光通量减弱，光电元件的输出反映了被测物的尺寸或位置，如图 8-30d 所示。如工件尺寸测量、振动测量等。

8.3.2　光电式转速表

　　光电式数字转速表工作原理如图 8-31 所示。在被测转速的电动机上固定一个调制盘，将光源发出的恒定光调制成随时间变化的调制光。光线每照射到光电器件上一次，光电器件就产生一个电信号脉冲，经放大器整形后记录。

　　如果调制盘上开 Z 个缺口，测量电路计数时间为 $T(s)$，被测转速为 $N(r/min)$，则此时得到的计数值 C 为 $C = ZTN/60$。为了实现由读数 C 直接读出转速 N 值，

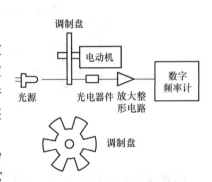

图 8-31　光电式数字转速表工作原理

一般取 $ZT = 60 \times 10n\,(n = 0,\ 1,\ 2\cdots)$。

8.3.3　光电式浊度仪

防止工业烟尘污染是环保的重要任务之一。为了消除工业烟尘污染，首先要知道烟尘排放量，因此必须对烟尘源进行监测、自动显示和超标报警。烟道里的烟尘浊度是用通过光在烟道里传输过程中的变化大小来检测的。如果烟道浊度增加，光源发出的光被烟尘颗粒的吸收和折射增加，到达光检测器的光减少，因而光检测器输出信号的强弱便可反映烟道浊度的变化。吸收式烟尘浊度检测系统原理如图 8-32 所示。

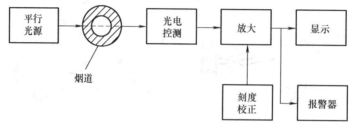

图 8-32　吸收式烟尘浊度检测系统原理图

8.3.4　带材跑偏检测仪

这种装置可以用来检测带材在加工过程中偏离正确位置的大小和方向。例如，在冷轧带钢生产线上，如果带钢的运动出现走偏现象，就会使其边缘与传送机械发生碰撞摩擦，引起带钢卷边或断裂，造成废品，同时也可能损坏传送机械。因此，在生产过程中必须自动检测带材的走偏量并随时予以纠正。光电带材跑偏检测仪由光电式边缘位置传感器和测量电桥、放大电路组成，如图 8-33 所示。

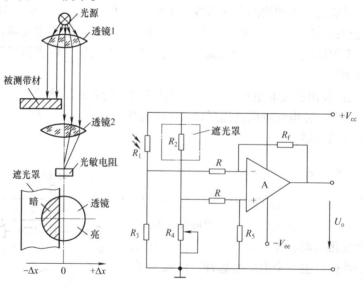

图 8-33　带材跑偏检测仪

由光源发出的光经透镜 1 会聚成平行光速后，再经透镜 2 会聚到光敏电阻（R_1）上。透镜 1、2 分别安置在带材合适位置的上、下方，在平行光速到达透镜 2 的途中，将有部分光线受到被测带材的遮挡，而使光敏电阻受到的光通量减少。R_1、R_2 是同型号的光敏电阻，R_1 作为测量元件安置在带材下方，R_2 作为温度补偿元件用遮光罩覆盖。$R_1 \sim R_4$ 组成一个电桥电路，当带材处于正确的位置（中间位置）时，通过预调电桥平衡，使放大器的输出电压 U_o 为零。如果带材在移动过程中左偏时，遮光面积减少，光敏电阻的光照增加，阻值变小，电桥失衡，放大器输出负压 U_o；若带材右偏，则遮光面积增大，光敏电阻的光照减弱，阻值变大，电桥失衡，放大器输出正压 U_o，输出电压 U_o 的正负及大小，反应了带材走偏的方向及大小。输出电压 U_o 一方面由显示器显示出来，另一方面被送到纠偏控制系统，作为驱动执行机构产生纠偏动作的控制信号。

8.3.5　声、光、触摸三控自动灯

　　声、光、触摸三控自动灯电路图如图 8-34 所示，是一款简单、实用的自动灯控制电路。可以由声、光控制及人体触摸控制。整个控制电路由声控电路、光控电路、触摸控制电路、延时电路、继电器驱动等组成。声控电路由传声器话筒 BM，数字集成电路 IC_2 内部的非门电路，VD_1、VD_2 及电阻 $R_1 \sim R_4$，电容器 C_1、C_2 等组成；光控电路有光敏电阻 R_G、电位器 RP1、电阻 R_4，IC_2 内部的非门电路 D_3，及二极管 VD_1 等组成；触摸控制电路由电极片 A，电阻 R_6、R_7，IC_2 内部的非门电路 D_4 及二极管 VD_2 等组成。

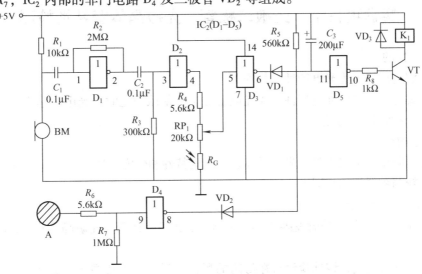

图 8-34　声、光、触摸三控自动灯电路原理

　　声、光、触摸三控自动灯电路，分声控、光控、触摸三部分来控制照明，达到节能作用。当白天有光时，光敏电阻 R_G 阻值很大，相当于断路，光控不起作用，白炽灯不亮；此时由声控电路起作用。当天黑无光时，光敏电阻 R_G 阻值变小，IC_2 的第 5 脚电压成为高电平，经 IC_2 的 D_3 反相器后，第 6 脚为"0"电平，二极管 VD_1 导通。使得 IC_2 的 D_5 输入脚为"0"电平，经 IC_2 的 D_5 反相器后，第 10 脚为"1"电平，晶体管 VT 导通，继电器 K_1 线圈有电流，继电器常开触点闭合，白炽灯点亮。

思考与练习

8-1　光电效应有哪几种？分别对应什么光电元件？

8-2 试比较光敏电阻，光电池，光敏二极管和光敏晶体管的性能差异，并简述在不同场合下应选用哪种元件最为合适。

8-3 光电式传感器由哪些部分组成？被测量可以影响光电式传感器的哪些部分？

8-4 简述光电倍增管的工作原理。

8-5 光纤传感器由哪两种类型？光纤传感器的调制方式有哪些？

8-6 根据硅光电池的光电特性，在40000lx的光照下要得到2V的输出电压，需要几片光电池？如何连接？

8-7 设计一光电开关用于生产流水线的产量计数，画出结构图，并简要说明，为防止荧光等其他光源的干扰，设计中应采取什么措施？

8-8 根据图8-31所示的光电数字转速表的工作原理，如果转盘的孔数为 N，每秒钟光敏二极管的脉冲个数为 f，试问转速为每分钟多少转？

8-9 冲床工作时，为保护工人的手指安全，设计一安全控制系统，选用两种以上的传感器来同时探测工人的手是否处于危险区域（冲头下方）。只要有一个传感器输出有效（即检测到手未离开危险区），则不让冲头动作，或使正在动作的冲头惯性轮刹车。说明检测控制方案，同时设置两个传感器组成"或"的关系，以及必须使用两只手（左右手）同时操作冲床开关的好处。

8-10 思考如何利用热释电传感器及其他元器件实现商场玻璃大门的自动开闭。

实训项目十 光敏二极管、光敏晶体管特性检测

1. 试验目的

1）了解光敏二极管光电特性、伏安特性。

2）了解光敏晶体管光电特性，当光电管的工作偏压一定时，光电管输出光电流与入射光的照度（或通量）的关系。

2. 试验内容

1）分别测试光敏二极管、光敏晶体管的光电特性和伏安特性。

2）比较两种器件的相同点和区别。

3. 试验设备及仪器

光敏二极管、光敏二极管变换单元、电压表、光敏晶体管、光敏晶体管变换单元。

4. 注意事项

1）为使试验直观，该试验没有在封闭的黑盒中进行，所以具有一定的外界因素干扰，试验时请注意不要使正面干扰光较大，同时注意人员移动时的影响。

2）因光敏二极管产生的光电流比较小，为便于读数，所以采用 I/U 变换器将光电流 I_{Li} 转换成电压，其关系为：$I_{Li} = | U/R_f |$

5. 试验电路及原理

光敏二极管是一种典型的光伏器件，用高阻P型硅作为基片，表面掺杂生长一层极薄的N型层（大约1μm），从而形成一很浅的表面PN结，而空间电荷区较宽，所以保证大部分光子能够入射到耗尽层内。由光子激发的电子-空穴对在反向偏置电压 U_{BB} 作用下形成二极管的反向光电流。此光电流通过外加负载 R_L 后产生电压信号输出。

光敏晶体管是一种光生伏特器件，用高阻P型硅作为基片，然后在基片表面进行掺杂形成PN结。N区扩散得很浅为1μm左右，而空间电荷区（即耗尽层）较宽，所以保证了

大部分光子入射到耗尽层内。光子入射到耗尽层内被吸收而激发电子-空穴对，电子-空穴对在外加反向偏置电压 U_{BB} 作用下，空穴流向正极，形成了晶体管的反向电流即光电流。光电流通过外加负载电阻 R_L 后产生电压信号输出。

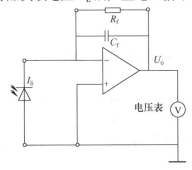

图 8-35　光敏二极管测量电路

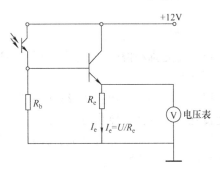

图 8-36　光敏晶体管测量电路

6. 试验方法与步骤

1）直流稳压电源置 ±12V 挡，光敏二极管探头用专用导线一端连接后，插入照度试验架上传感器安装孔，导线另一端插入面板上"光敏二极管 Ti"插口。

2）接通光强开关，并将光强/加热开关置"5"挡，此时入射照度最大。

3）在"光敏二极管单元"如图 8-35 接线，并在负载单元中选择 $R = 200 \text{k}\Omega$ 作为 R_f 接入 I/U 变换器。

4）断开光强开关，记下电压表的读数（暗电流），并将数据填入下表 8-3。随后将光强/加热开关置"1"挡。

表 8-3　在强光下的电压与电流数值表

光强	0	1	2	3	4	5
电压/V						
电流($\lvert U_o/R_f \rvert$)/A						

5）接通光强开关，记下电压表读数，并逐步将"光强/加热"开关转换到"5"挡，记下每一挡的电压表读数并填入上表。

6）作出照度-电流曲线（$I_{Li} = U/R_f$）。

7）将光敏二极管的"+"极与"⊥"之间联线拆去，在"+"极接入 −4V 电压使光敏二极管出负偏压状态。重复 4)-5) 过程，比较一下与零偏压有什么区别？

8）接通光强开关，并将光强/加热开关置"5"挡，同时检查加热开关是否断开，仍按图 8-35 接线（零偏压）。

9）记录下这时电压表读数，并填入下表 8-4。

表 8-4　在偏压下的电压与电流数值表

偏压/V	0	−4	−6	−8	−10	
电压 U_o/V						
电流($\lvert V_o/R_f \rvert$)/A						

10）将光敏二极管的"＋"极与"⊥"之间联线拆去，将"直流稳压电源"单元中"－V_o"端口与光敏二极管"＋"极相连，给二极管加上偏压。

11）直流稳压电从－4V逐步调整至－10V，记录下每一步的电压表读数值。并填入上表。

12）做出 U-I 曲线。

13）将光强/加热开关分别调至"4-3"挡，重复上述9)-12）步，比较三条 U-I 曲线有什么不同？

14）直流稳压电源置±12V挡，光敏晶体管探头用专用导线一端连接后，插入照度试验架上传感器安装孔，导线另一端插入面板上"光敏晶体管 Ti"插口。

15）接通电源及光强开关，并将光强/加热开关置"5"挡，此时入射照度最大。同时检查加热开关是否断开。

16）在"光敏晶体管单元"如图8-36所示接线，选择 $R_e = 200\Omega$，$R_b = 2k\Omega$。

17）断开光强开关，记下电流表的读数（暗电流），并将数据填入下表8-5。随后将光强/加热开关置"1"挡。

表8-5　在强光下的电流数值表

光强	0	1	2	3	4	5
电流/mA						

18）接通光强开关，记下电流表读数，并逐步将"光强/加热"开关转换到"5"挡，记下每一档的电流表读数并填入上表。

19）作出照度-电流曲线。

20）重复1)-2）步，记录下这时电流表读数，并填入表8-6。

表8-6　电压与电流数值表

U	+4V	+6V	+8V	+10V	+12V
I/mA					

21）直流稳压电源从±12V逐步降至±4V，每隔一步记录下电压表读数，并填入上表。

22）作出 U-I 曲线。

23）将光强/加热开关分别调至"4-3"挡，重复上述7)-9）步，比较三条 U-I 曲线有什么不同？

7. 试验报告内容与要求

1）填写试验数据表格。

2）作出光敏二极管不同挡位伏安特性曲线图。

3）作出光敏晶体管不同挡位伏安特性曲线图。

8. 思考

1）比较光敏二极管、光敏晶体管的伏安特性曲线图的不同之处。

第9章　数字式传感器

数字式传感器可以直接给出抗干扰能力强的数字脉冲或编码信号，主要包括：光电编码器、光栅传感器、磁栅传感器、容栅传感器和感应同步器等。它们都有线位移测量和角位移测量两种构造形式。

9.1　光电编码器

编码器是将直线运动和转角运动变换为数字信号进行测量的一种传感器，数字编码器包括码尺和码盘，前者用于测量线位移，后者用于测量角位移。编码器可分为绝对码编码器和增量码编码器。按结构和原理又分为光电式、电磁式和接触式等各种类型。其中光电编码器是用光电方法将转角和位移转换为各种代码形式的数字脉冲传感器，具有广泛的应用。

9.1.1　增量式光电编码器

增量式光电编码器结构如图9-1所示。光电码盘与转轴连在一起。在编码盘边缘等间隔地制出 n 个透光槽，数量 n 从几百条到几千条不等。当增量式光电码盘随工作轴一起转动时，发光二极管发出的光线透过光电码盘的透光槽，形成忽明忽暗的光脉冲信号。光敏元件把此光脉冲信号转换成电脉冲信号，计数器对脉冲的个数进行加减增量计数，从而判断编码盘旋转的相对角度，或通过计算机处理后，由数码管显示出位移量。

在增量式光电角编码器中，一个脉冲所代表的角度就是分辨力 α，分辨力与编码盘上的透光槽数 n 有关，即

$$\alpha = 360/n \tag{9-1}$$

由式（9-1）知，n 越大，编码器的分辨力越高。工业中常用增量式光电码盘的狭缝数必须达到1024个以上，它的角度分辨力才可达0.35。

为了得到编码器转动的绝对位置，须设置一个基准点，如图中的"零位标志槽"。码盘每转一圈，零标志位光槽对应的光敏元件就产生一个脉冲，称为"一转脉冲"或"零度脉冲"。

为了判断编码盘转动的方向，实际上设置了两套光电元件，如图中的正弦信号接收器和余弦信号接收器。计算机检测 cos、sin 两路信号的相位差，从而辨别码盘旋转的方向。

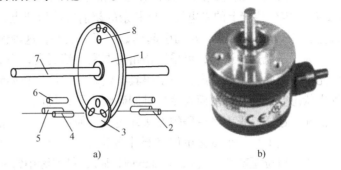

图9-1　增量式光电编码器结构与外形图

a）结构图　b）外形图

1—均匀分布透光槽的编码盘　2—LED光源　3—狭缝　4—正弦信号
5—余弦信号接收器　6—零位读出光电元件　7—转轴　8—零位标志槽

增量式光电编码器除了可以测量角位移外，还可以通过测量光电脉冲的频率，进而用来测量转速。如果通过机械装置，将直线位移转换成角位移，还可以用来测量直线位移。

9.1.2 绝对式光电编码器

绝对式光电编码器的编码盘由透明及不透明区组成，这些透明及不透明区按一定编码构成，编码盘上码道的条数就是数码的位数。图9-2所示为一个4位自然二进制编码器的编码盘，若涂黑部分为不透明区，输出为"1"，则空白部分为透明区，输出为"0"，它有4条码道，对应每1条码道有1组光电元件来接收透过编码盘的光线。在任意角度都将产生对应的二进制编码。当编码盘与被测物转轴一起转动时，若采用 n 位编码盘，则能分辨的角度 α 为

$$\alpha = \frac{360}{2^n} \tag{9-2}$$

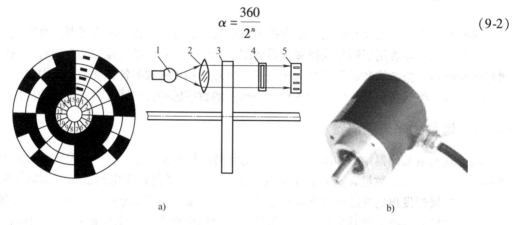

图9-2　绝对式光电编码器的结构示意图与外形图
a）结构图　b）外形图
1—光源　2—透镜　3—编码盘　4—狭缝　5—光电元件

自然二进制码虽然简单，但存在着使用上的问题，这是由于图案转换点处位置不分明而引起的粗大误差。例如，在由7转换到8的位置时光束要通过编码盘0111和1000的交界处（或称渡越区）。因为编码盘的制造工艺和光敏元件安装的误差，有可能使读数头的最内圈（高位）定位位置上的光电元件比其余的超前或落后两点，这将导致可能出现两种极端的读数值，即1111和0000，从而引起读数的粗大误差，这种误差是绝对不能允许的。

为了避免这种误差，可采用格雷码图案的编码盘，表9-1给出了格雷码和自然二进制码的比较。由此表可以看出，格雷码具有代码从任何值转换到相邻值时字节各位数中仅有1位发生状态变化的特点。而自然二进制码则不同，代码经常有2~3位甚至4位数值同时变化的情况。这样，采用格雷码的方法即使发生前述的错移，由于它在进位时相邻界面图案的转换仅仅发生1个最小量化单位（最小分辨率）的改变，因而不会产生粗大误差。这种编码方法称作单位距离性码（UnitDistanceCode），是实际中常采用的方法。

绝对式光电编码器的主要技术指标如下：

1）分辨率　分辨率指每转1周所能产生的脉冲数。由于刻线和偏心误差的限制，码盘的图案不能过细，一般线宽为 $20 \sim 30 \mu m$。进一步提高分辨率可采用电子细分的方法，现已达到100倍细分的水平。

表 9-1　自然二进制码和格雷码的比较

D （十进制）	B （二进制）	R （格雷码）	D （十进制）	B （二进制）	R （格雷码）
0	0000	0000	8	1000	1100
1	0001	0001	9	1001	1101
2	0010	0011	10	1010	1111
3	0011	0010	11	1011	1110
4	0100	0110	12	1100	1010
5	0101	0111	13	1101	1011

2）输出信号的电特性　表示输出信号的形式（代码形式、输出波形）和信号电平以及电源要求等参数称为输出信号的电特性。

3）频率特性　频率特性是对高速转动的响应能力，取决于光敏器件的响应和负载电阻以及转子的机械惯量。一般响应频率为 30 ~ 80kHz，最高可达 100kHz。

4）使用特性　使用特性包括器件的几何尺寸和环境温度。采用光敏器件温度差分补偿的方法，其温度范围可达 - 5 ~ 50℃。外形尺寸为 $\phi30 ~ \phi200$mm 不等，随分辨率提高而加大。

绝对式光电编码器对应每 1 条码道有 1 个光电元件，当码道处于不同角度时，经光电转换的输出就呈现出不同的数码。它的优点是没有触点磨损，因而允许转速高；最外层缝隙宽度可做得更小，所以精度也很高。其缺点是结构复杂，价格高，光源寿命短。

使用时可以根据使用要求选择相应型号的编码器，下面以欧姆龙系列旋转编码器为例，说明编码器型号含义如下：

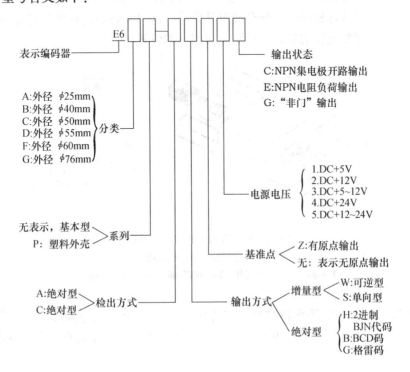

9.1.3　光电编码器的应用

1. 测量角位移　图9-3所示为绝对式光电式编码器测角仪原理图。在采用循环码的情况下，每一码道有1个光电元件。在采用二进制码或其他需要"纠错"，即防止产生粗大误差的场合下，除最低位外，其他各个码道均需要双缝和2个光电元件。

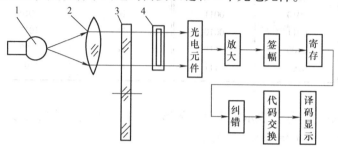

图9-3　绝对式光电式编码器测角仪原理图

1—光源　2—聚光镜　3—编码盘　4—狭缝光阑

　　根据编码盘的转角位置，各光电元件输出不同大小的光电信号，这些信号经放大后送入鉴幅电路，以鉴别各个码道输出的光电信号对应于"0"态或"1"态。经过鉴幅后得到一组反映转角位置的编码，将它送入寄存器。在采用二进制、十进制、度分秒进制编码盘或采用组合编码盘时，有时为了防止产生粗大误差，要采取"纠错"措施，"纠错"措施由纠错电路完成。有些还要经过代码变换，再经译码显示电路显示编码盘的转角位置。

2. 测量线位移　编码器除了能直接测量角位移外，还能通过"丝杆-螺母副"等机械转换系统，将角位移 θ 转换为直线位移 x，如图9-4所示。将编码器装到滚珠丝杠上，当伺服电动机转动时，由滚珠丝杠带动工作台或刀具移动，这时编码器的转角对应直线移动部件的移动量，因此，可根据丝杠的导程来计算移动部件的位置。

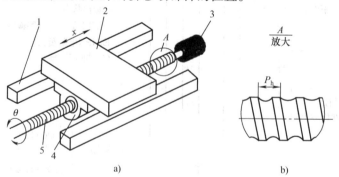

图9-4　利用角编码器测量直线位移

a）直接测量　b）间接测量

1—导轨　2—运动部件　3—角编码器　4—螺母　5—丝杠

3. 工位编码　工业中经常将被加工工件固定在转盘上，进行顺序加工。若使绝对式角编码器与转盘同轴旋转，如图9-5所示，则转盘上每一个工位均有一个二进制编码相对应。

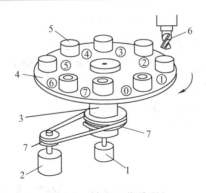

图 9-5　转盘工位编码

1—绝对式角编码器　2—电动机　3—转轴　4—转盘　5—工件　6—刀具　7—带轮

9.2　光栅传感器

9.2.1　光栅的基本原理

光栅是在基体上刻有均匀分布条纹的光学元件。光栅可分为物理光栅和计量光栅。物理光栅是利用光的衍射现象，常用于光谱分析和光波波长测定。用于位移测量的光栅称为计量光栅。数字式位置传感器中使用的是计量光栅。

光栅主要由标尺光栅、指示光栅、光路系统和光电元件等组成。标尺光栅的有效长度即为测量范围。必要时，标尺光栅还可接长。指示光栅比标尺光栅短得多，但两者刻有同样栅距。当指示光栅和标尺光栅的线纹相交一个微小的夹角时，由于挡光效应（当线纹密度≤50 条/mm 时）或光的衍射作用（当线纹密度≥100 条/mm 时），在与光栅线纹大致垂直的方向上（两线纹夹角的等分线上）产生出亮、暗相间的条纹，这些条纹称为"莫尔条纹"。

光栅是利用莫尔条纹现象来进行测量的。图 9-6 所示为两块栅距相等的光栅叠合在一起，并使它们的刻线之间的夹角为 θ 时，这时光栅上就会出现若干条明暗相间的条纹，即莫尔条纹。

莫尔条纹有如下几个重要特性：

1）消除光栅刻线的不均匀误差　由于光栅尺的刻线非常密集，光电元件接收到的莫尔条纹所对应的明暗信号，是一个区域内许多刻线的综合结果。因此，它对光栅尺的栅距误差有平均效应，这有利于提高光栅的测量精度。

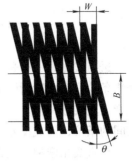

图 9-6　莫尔条纹的形成

2）位移的放大特性　莫尔条纹间距是放大了的光栅栅距 W，它随着光栅刻线夹角而改变。当 $\theta \ll 1$ 时，可推导得莫尔条纹的间距 $B \approx W/\theta$。可知，θ 越小，则 B 越大，相当于把微小的栅距扩大了 $1/\theta$ 倍。

3）移动特性　莫尔条纹随光栅尺的移动而移动，它们之间有严格的对应关系、包括移动方向和位移量。位移一个栅距 W，莫尔条纹也移动一个间距 B。

4）光强与位置关系　两块光栅相对移动时，从固定点观察到莫尔条纹光强的变化近似为余弦波形变化。光栅移动 1 个栅距 W，光强变化 1 个周期 2π，这种正弦波形的光强变化照射到光电元件上，即可转换成电信号关于位置的正弦变化。当光电元件接收到光的明暗变化时，则光信号就转换为电压或电流电压信号输出。

　　使用时两光栅相互重叠，两者之间有微小的空隙 d，使其中一片固定，另一片随着被测物体移动，即可实现位移测量。光栅式位移传感器具有分辨力高（可达 $1\mu m$ 或更小）、测量范围大（几乎不受限制）、动态范围宽等优点，且易于实现数字化测量和自动控制，是数控机床和精密测量中应用较广的检测元件。其缺点是对使用环境要求较高，在现场使用时要求密封，以防止油污、灰尘、铁屑等的污染。

9.2.2　光栅的结构与类型

　　光栅由光源、光栅副、光敏元件三大部分组成。光敏元件可以是光敏二极管，也可以是光电池。光栅副由主光栅（工业中又称"尺身"）和指示光栅（工业中又称"读数头"）组成。通常将指示光栅与主光栅叠合在一起，两者之间保持很小的间隙（0.05mm 或 0.1mm），从而产生"莫尔条纹"，起到光学放大作用。

　　光栅按形状可分为长光栅和圆光栅。长光栅用于直线位移测量，故又称直线光栅；圆光栅用于角位移测量。光栅按原理可分为透射式和反射式。光栅的结构如图 9-7 所示。

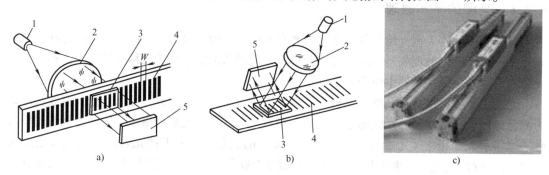

图 9-7　光栅的结构
a）透射式光栅　b）反射式光栅　c）光栅尺外形
1—光源　2—透镜　3—指示光栅　4—标尺光栅　5—光敏元件

　　透射式光栅一般是用光学玻璃作基体，在玻璃上均匀地腐蚀出间距、宽度相等的平行、密集条纹，形成断断续续的透光区和不透光区，如图 9-7a 所示。标尺光栅和指示光栅的每毫米内刻线数一样。反射式光栅一般使用不锈钢作基体，在不锈钢尺上用化学方法制出黑白相间的条纹，形成反光区和不反光区，如图 9-7b 所示。

　　在直线光栅中，主光栅固定不动，而指示光栅安装在运动部件上，所以两者之间形成相对运动。在圆光栅中，指示光栅固定不动，而主光栅随被测物的转轴转动。

　　光栅的刻线数一般为 10 线/mm、25 线/mm、50 线/mm、100 线/mm 和 200 线/mm 等几种。

9.2.3　光栅的辨向与细分技术

　　如果只安装一套光电元件，则在实际应用中，无论指示光栅相对于主光栅作正向移动还是反向移动，光敏元件都产生数目相同的脉冲信号，计算机无法分辨移动的方向。必须设置正弦和余弦两套光电元件，可以得到两个相位相差 90° 的电信号，由计算机判断两路信号相位差的超前或滞后状态，进而判断指示光栅的移动方向。

细分技术又称倍频技术，用于分辨比栅距 W 更小的位移量。细分电路能在不增加光栅刻线数（刻线数越多成本越昂贵）的情况下提高光栅的分辨力。细分电路能在一个 W 的距离内等间隔地给出 n 个计数脉冲。细分后的计数脉冲频率是原来的 n 倍，传感器的分辨力就会相应成倍提高。如果仅采用两套光敏元件，则细分数为 4；如果采用 4 套光敏元件，则细分数为 16。

9.2.4 光栅传感器的应用

图 9-8 所示为 ZBS 型轴环式光栅数显表示意图，它的主光栅用不锈钢圆薄片制成，栅线数为 400/周。ZBS 可用于中小型机床的进给或定位测量，也适用于机床的改造。例如，把它装在车床进给刻度轮的位置，可以直接读出进给尺寸，减少停机测量的次数。轴环式数显表在车床纵向进给显示中的应用如图 9-9 所示。

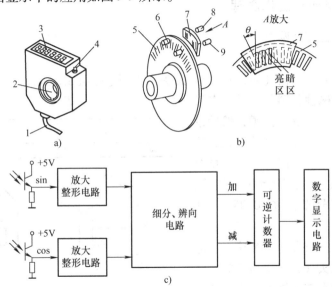

图 9-8 ZBS 型轴环式数显表

a) 外形 b) 内部结构 c) 测量电路框图

1—电源线（+5V） 2—轴套 3—数字显示器 4—复位开关 5—主光栅
6—红外发光二极管 7—指示光栅 8—sin 光敏晶体管 9—cos 光敏晶体管

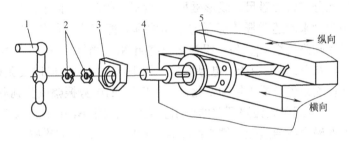

图 9-9 轴环式数显表在车床进给显示中的应用

1—手柄 2—紧固螺母 3—轴环式数显表滑板 4—丝杠轴 5—溜板

9.3　磁栅传感器

　　磁栅是利用磁头与磁尺之间的磁感应作用计数的位移传感器，是近年来发展起来的新型检测元件。

　　磁栅传感器的单位长度成本比光栅低。带形磁尺的长度可达 30m，可以安装在机床上后再采用"激光定位"录磁，这对于消除安装误差十分有利。磁栅传感器因制作简单，复制方便，易于安装，便于调整，测量范围宽（从几十毫米到数十米），无长度局限，抗干扰能力强等一系列优点，因而在大型机床的数字检测、自动化机床的数字检测和自动控制及轧压机的定位控制等方面得到了广泛的应用。其缺点是分辨力比光栅低，易磨损，使用时应避免强磁场退磁作用。

9.3.1　磁栅的结构与工作原理

　　磁栅可分为长磁栅和圆磁栅两大类。长磁栅主要用于直线位移测量，圆磁栅主要用于测量角位移。

　　磁栅传感器主要由磁栅（简称磁尺）、磁头和检测电路组成，如图 9-10 所示。

　　磁尺是用非导磁性材料作尺基，在尺基的上面镀一层均匀的磁性薄膜，然后录上一定波长的磁信号。磁信号的波长又称节距，用 W 表示。在 N 与 N、S 与 S 重叠部分磁感应强度最强，但两者极性相反。目前常用的磁信号节距有 0.05mm 和 0.02mm 两种。

　　磁头可分为动态磁头（又名速度响应式磁头）和静态磁头（又名磁通响应式磁头）两类。磁头中有感应绕组（也可采用磁敏电阻）。当磁头与磁尺接触时，磁头绕组能产生感应信号。动态磁头在磁头与磁尺间有相对运动时才有信号输出，故不适用于速度不均匀、时开时停的机床。而静态磁头就是在磁头与磁栅间没有相对运动也有信号输出。

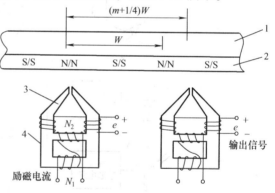

图 9-10　磁栅式传感器结构
1—尺基　2—磁性薄膜　3—铁心　4—磁头

　　磁尺按基体形状分有带形磁尺、线形磁尺（又称同轴型）和回形磁尺，如图 9-11 所示。

　　现以静态磁头为例来叙述磁栅传感器的工作原理。静态磁头的结构如图 9-10 所示，它有两组绕组，一组为励磁绕组 N_1，另一组为输出绕组 N_2。当绕组 N_1 通入励磁电流时，磁通的一部分通过铁心，在 N_2 绕组中产生电势信号。如果铁心空隙中同时受到磁栅剩余磁通量影响，那么由于磁栅剩余磁通量极性的变化，N_2 中产生的电势振幅就受到调制。

　　静态磁头中的 N_1 绕组起到磁路开关的作用。当励磁绕组 N_1 中不通电流时，磁路处于不饱和状态，磁栅上的磁力线通过磁头铁心而闭合。这时，磁路中的磁感应强度取决于磁头与磁栅的相对位置。如果在绕组 N_1 中通入交变电流，当交变电流达到某一个幅值时，铁心饱和而使磁路"断开"，磁栅上的剩余磁通量就不能在磁头铁心中通过。反之，当交变电流小于额定值时，铁心不饱和，磁路被"接通"，则磁栅上的剩余磁通量就可以在磁头铁心通过。随着励磁交变电流的变化，可饱和铁心这一磁路开关不断地"通"和"断"，进入磁头的剩余磁通量就时有时无。这样，在磁头铁心的绕组 N_2 中就产生感应电动势，它主要与磁头在磁栅上所处的位置有关，而与磁头和磁栅之间的相对速度关系不大。

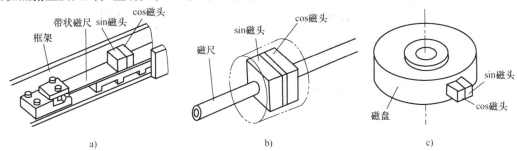

图 9-11　磁尺的分类及结构

a）带形磁尺　b）线形磁尺　c）圆形磁尺

由于在励磁突变电流变化中，不管它在正半周或负半周，只要电流幅值超过某一额定值，它产生的正向或反向磁场均可使磁头的铁心饱和，这样，在它变化的 1 个周期中，可使铁心饱和 2 次，磁头输出绕组中输出电压信号为非正弦周期函数，所以其基波分量角频率 ω 是输入频率的 2 倍。

磁头输出的电势信号经检波，保留其基波成分，可用下式表示

$$E = E_\mathrm{m}\cos\frac{2\pi x}{W} \cdot \sin\omega t \tag{9-3}$$

式中　E_m——感应电势的幅值（V）；

　　　W——磁栅信号的节距（m）；

　　　x——机械位移量（m）。

为了辨别方向，图 9-11 中采用了两只相距 $(m+1/4)\,W$（m 为整数）的磁头；为了保证距离的准确性，通常两个磁头做成一体，两个磁头输出信号的载频相位差 90°。经鉴相信号处理或鉴幅信号处理，并经细分、辨向、可逆计数后显示位移的大小和方向。

9.3.2　检测电路

磁尺必须和检测电路配合才能进行测量。除了励磁电路以外，检测电路还包括滤波、放大、整形、倍频、细分、数字化和计数等线路。根据检测方法不同，检测电路分为鉴幅型和鉴相型两种。

1. 鉴相方式　鉴相处理方式就是利用输出信号的相位大小来反映磁头的位移量与磁尺的相对位置的信号处理方式。将第二个磁头的电压读出信号移相 90°，将两路两磁头输出用求和电路相加，则获得总输出为：

$$E = E_\mathrm{m}\sin\left(\omega t + \frac{2\pi x}{W}\right) \tag{9-4}$$

该式表明感应电动势 E 的幅值恒定，其相位随磁头与磁尺的相对位移量 x 变化而变化。该信号经带通滤波、整形、鉴相细分电路后产生脉冲信号，由可逆计数器计数，显示器显示

相应的位移量。图 9-12 所示为鉴相型磁栅传感器的原理框图。

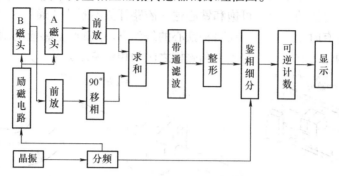

图 9-12　鉴相型磁栅式传感器的原理框图

2. 鉴幅方式　鉴幅处理方式就是利用输出信号的幅值大小来反映磁头的位移量或与磁尺的相对位置的信号处理方式。图 9-13 所示为鉴幅型磁栅式传感器的原理框图。

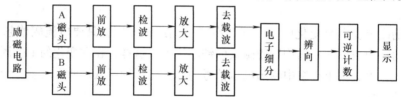

图 9-13　鉴幅型磁栅式传感器的原理框图

9.3.3　磁栅传感器的应用

磁头、磁尺与专用磁栅数显表配合，可用于检测机械位移量，其行程可达数十米，分辨力高于 1μm。图 9-14 图所示为 ZCB-101 鉴相型磁栅数显表的原理框图。

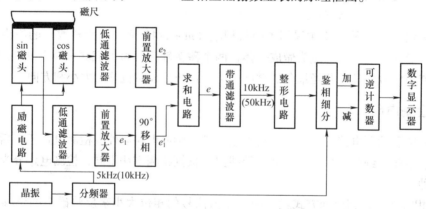

图 9-14　ZCB-101 磁栅数显表的原理框图

在磁栅中也需要设置两只磁头（sin 磁头和 cos 磁头）来拾取磁场的变化周期和相位，从而为计算机提供与相位差有关的数据。

磁栅传感器可以作为高精度测量长度和角度的测量仪器，可以用于自动化控制系统中的检测元件。例如在三坐标测量机和数控机床中均得到广泛应用。

9.4　容栅传感器

　　容栅传感器是在变面积型电容传感器的基础上发展成的一种新型传感器。它的电极排列如同栅状,利用动极板(又称为动尺)与定极板(又称为定尺)之间的电场感应作用产生计数脉冲。它具有电容式传感器的优点,如动态响应快,结构简单,易实现非接触测量。多极电容及其平均效应,使其抗干扰能力强,精度高,对刻制和安装精度要求不高,量程大(可达 600mm),是一种很有发展前途的传感器,容栅传感器采用印制电路板技术,成本比磁栅低。它还具有体积小、耗电省的特点,广泛应用于电子数显卡尺、千分尺、高度仪、坐标仪中及雷达测角系统中。其缺点是测量长度和分辨力等指标均比磁栅传感器低。

9.4.1　容栅传感器的结构与原理

　　容栅传感器有长容栅和圆容栅两种,直线容栅和圆筒容栅用于直线位移测量,圆盘容栅主要用于角位移测量。它们的结构原理如图 9-15a～c 所示。

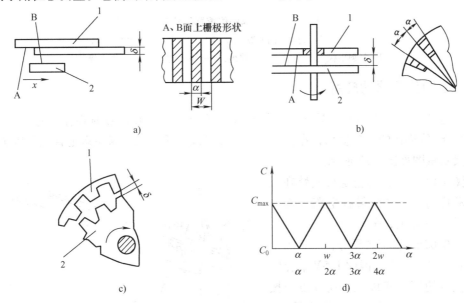

图 9-15　容栅式传感器结构原理图和 C-α 关系曲线
a) 长容栅　b) 片状圆容栅　c) 柱状圆容栅　d) 位移与电容量关系曲线

　　图 9-15a 是长容栅,其中 1 为定尺,2 是动尺,在它们的 A、B 面上分别印制(或刻划)一系列相同尺寸、均匀分布并互相绝缘的金属(如铜箔)栅状极片。将定尺和动尺的栅极面相对放置,其间留有间隙,形成一对对电容(即容栅),这些电容并联。当动尺沿 x 方向平行于定尺不断移动时,每对电容的相对遮盖长度 α 将由大到小,由小到大地周期性变化,电容量值也随之相应周期变化,如图 9-15d 所示,经电路处理后,则可测得线位移值。

　　图 9-15b 是片状圆容栅,它由同轴安装的固定圆盘 1 和可动圆盘 2 组成,A、B 面上的栅极片制成辐射的扇形,尺寸相同均布并互相绝缘。其工作原理与长容栅相同。

　　图 9-15c 为柱状圆容栅,它是由同轴安装的定子(圆套)1 和转子(圆柱)2 组成。在

它们的内、外柱面上刻制一系列宽度相等的齿和槽，因此也称为齿形传感器。当转子旋转时就形成了一个可变电容器，定子、转子齿面相对时电容量最大，错开时电容量最小。其转角 α 与电容量 C 的关系曲线如图 9-15d 所示。

直线容栅传感器结构如图 9-16 所示。动尺和定尺之间保持很小的间隙 δ。当在动尺和定尺之间施加 1MHz 左右的高频电压后，它们之间就产生高频电场。由于电容耦合和电荷传递的作用，使得动尺上接收的电极输出信号随动尺和定尺的位置变化而变化。

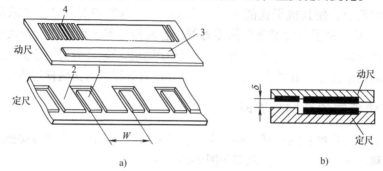

图 9-16　直线容栅传感器结构简图

a）定尺、动尺上的电极　b）定尺、动尺的位置关系

1—反射电极　2—屏蔽电极（接地）　3—接收电极　4—发射电极

9.4.2　容栅传感器的应用

1. 数显卡尺　普通测量工具（如游标卡尺、千分尺等）在读数时存在视差。随着容栅传感器性能/价格比的不断提高，在生产中，数显卡尺、千分尺越来越多地替代了传统卡尺。数显卡尺示意图如图 9-17 所示。

如图 9-17 所示，容栅定尺安装在尺身上，动尺与单片测量转换电路（专用IC）安装在游标上，分辨力为 0.01mm，重复精度 0.02mm。当若干分钟不移动动尺时，系统自动断电，因此 1.5V 氧化银扣式电池可使用一年以上。通过复位按钮可在任意位置置零，消除累积误差；通过公/英制转换钮实现公/英制转换；通过串行接口可与计算机或打印机相连，经软件处理，可对测量数据进行统计处理。

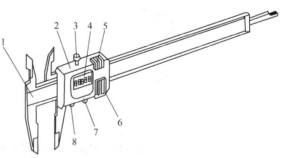

图 9-17　数显卡尺示意图

1—尺身　2—游标　3—游标紧固螺钉　4—液晶显示器
5—串行接口　6—电池盒　7—复位按钮　8—公/英制转换按钮

2. 数显千分尺　数显千分尺如图 9-18a 所示，它的分辨力为 0.001mm，重复准确度为 0.002mm，累积误差为 0.003mm。数显千分尺采用的是圆盘容栅。圆盘容栅由旋转容栅和固定容栅组成，圆盘容栅示意图如图 9-18b、c 所示。

使用数显千分尺时，安装在尺身上的固定容栅不动，而旋转容栅随丝杠旋转。发射电极与反射电极的相对面积发生变化，反射电极上的电荷也随之发生变化，并感应到接收电极上。接收电极上的电荷量与角位移存在一定的比例关系，并间接反映了丝杠的直线位移。接收电极上的电荷量经专用集成电路处理后，由显示器显示出位移量。

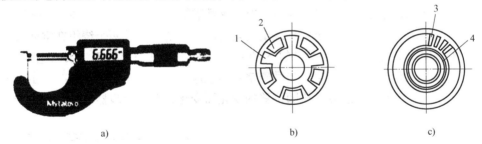

图 9-18　数显千分尺外形与圆容栅示意图

a）数显千分尺外形　b）旋转容栅　c）固定容栅

1—屏蔽电极　2—反射电极　3—发射电极　4—接收电极

9.5　感应同步器

9.5.1　感应同步器的类型与特点

感应同步器是应用电磁感应原理来测量直线位移和角位移的一种精密传感器。测量直线位移的称为直线感应同步器，测量角位移的称为圆感应同步器。感应同步器由相对移动的滑尺和定尺（对于直线式）或转子和定子（对于旋转式）组成。

感应同步器具有以下特点：

1）精度高　感应同步器的极对数多，由于平均效应测量精度要比制造精度高，且输出信号是由定尺和滑尺之间相对移动产生的，中间无机械转换环节，故其精度高。目前，直线式感应同步器的精度可达 $\pm 1\mu m$，灵敏度 $0.05\mu m$，重复精度 $0.2\mu m$。

2）测量长度不受限制　当测量长度大于 250mm 时可以采用多块定尺接长。行程为几米到几十米的中大型机床，大多采用直线式感应同步器。

3）对环境的适应性较强　因为感应同步器金属基板和铸铁床身的热涨系数相近，当温度变化时，能获得较高的重复精度。另外，它是利用电磁感应产生信号，对尺面防护要求低。

4）使用寿命长，维护简便　感应同步器的定尺和滑尺互不接触，因此互不摩擦、磨损。使用寿命长，不怕灰尘、油污及冲击振动。由于是电磁耦合器件，不需要光源、光电器件，不存在元件老化及光学系统故障。

5）抗干扰能力强，工艺性好，成本较低，便于复制和成批生产。

9.5.2　直线感应同步器的结构与工作原理

感应同步器是一种电磁式的位置测量元件。主要部件包括定尺和滑尺，图 9-19 所示为直线式感应同步器结构示意图。

感应同步器利用定尺和滑尺的两个平面印制电路绕组的互感随其相对位置变化而变化的原理，将位移转换为电信号。感应同步器工作时，定尺和滑尺相互平行、相对放置，它们之间保持一定的气隙（0.25mm±0.005mm）。标准的感应同步器定尺长 250mm，定尺上是单向、均匀、连续的感应绕组；滑尺上有两组励磁绕组，一组为正弦励磁绕组 S，一组为余弦励磁绕组 C。滑尺绕组的节距与定尺相同。当正弦励磁绕组与定尺绕组对齐时，余弦励磁绕组与定尺绕组相差 1/4 节距，由于定尺绕组是均匀的，故滑尺上的两个绕组在空间位置上相差 1/4 节距，即 $\pi/2$ 相位角。当滑尺的 S 和 C 绕组分别通过一定的正、余弦电压激励时，定尺绕组中就会有感应电动势产生，当励磁绕组与感应绕组间发生相对位移时，由于电磁耦合的变化，使感应绕组中的感应电压随位移的变化而变化，感应同步器就是利用这个特点进行测量的。

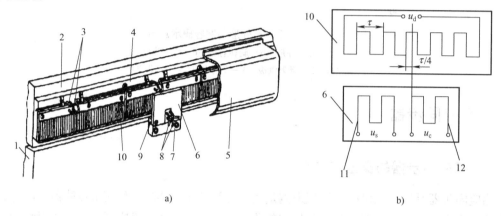

图 9-19　直线式感应同步器结构示意图

a）外观及安装形式　b）绕组

1—固定部件（床身）　2—运动部件（工作台或刀架）　3—定尺绕组引线　4—定尺座　5—防护罩
6—滑尺　7—滑尺座　8—滑尺绕组引线　9—调整垫　10—定尺　11—正弦励磁绕组　12—余弦励磁绕组

　　如图 9-20 所示，先考虑对 S 绕组单独励磁，滑尺处在 A 点的位置时，滑尺 S 绕组与定尺某一绕组重合，定尺感应电动势值最大；当滑尺向右移 W/4 距离达 B 点的位置时，定尺感应电动势为零；当滑齿移过 W/2（W 为节距）至 C 点位置时，定尺感应电动势为负的最大值；当移过 3W/4 至 D 点的位置时，定尺感应电动势又为零。其感应电动势如图 9-20 中的曲线 1 所示。同理，余弦绕组单独励磁时，定尺感应电动势变化如曲线 2 所示。定尺上产生的总的感应电动势是正弦、余弦绕组分别励磁时产生的感应电动势之和。

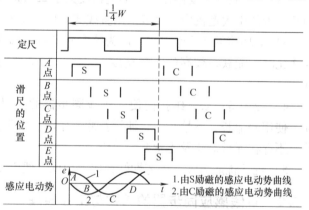

图 9-20　感应电动势与两相绕组相对位置的关系

　　感应同步器组成的检测系统可以采用不同的励磁方式，输出信号也可采用不同的处理方式，从励磁方式来说一般可分为两大类，一类是以滑尺励磁，由定尺输出；另一类是以定尺励磁，由滑尺输出。感应同步器的信号处理方式一般有鉴相型、鉴幅型和脉冲调宽型三种。

给滑尺的 S 和 C 绕组以等频、等幅、相位差为 90°的电压分别励磁，就可根据感应电动势的相位来鉴别位移量。如果给滑尺的正、余弦绕组以同频、同相但不等幅的电压励磁，则可根据感应电动势的幅值来鉴别位移量，称为鉴幅型。脉冲调宽型实质上为鉴幅型。它的优点是克服了鉴幅型中函数变压器绕制工艺和开关电路的分散性所带来的误差。

直线感应同步器可分为标准型和窄型两种。窄型直线感应同步器中定尺、滑尺长度与标准型相同，仅是宽度较窄。标准型直线感应同步器精度高，应用广，每根定尺长 250mm。如果测量长度超过 250mm 时，可将几根定尺接起来使用，甚至可连接长达十几米，但必须保持安装平整，否则极易损坏。感应同步器可以采用多块定尺接长，相邻定尺间隔通过调整，使总长度上的累积误差不大于单块定尺的最大偏差。行程为几米到几十米的中型或大型机床中，工作台位移的直线测量大多数采用感应同步器来实现。

9.5.3　圆感应同步器的结构与工作原理

圆感应同步器的结构如图 9-21 所示。圆感应同步器又称旋转式感应同步器，其转子相当于直线感应同步器的定尺，定子相当于滑尺。目前按圆感应同步器直径大致可分成302mm、178mm、76mm、50mm 四种。其径向导体数，也称极数，有 360、720、1080 和 512 极。一般说来，在极数相同的情况下，圆感应同步器的直径做得越大，越容易做得准确，精度也就越高。

感应同步器的应用十分广泛。它与数字位移显示装置（简称感应同步器数显表）配合，能快速地进行各种位移的精密

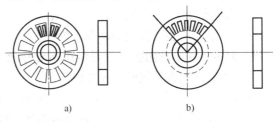

图 9-21　圆感应同步器的结构示意图
a) 定子　b) 转子

测量，并进行数字显示。它若与相应电气控制系统组成位置伺服控制系统（包括自动定位及闭环伺服系统），便能实现整个测量系统的半自动化及全自动化。若在感应同步器数显表中配上微处理器，将会大大提高数字显示功能及位移检测的可靠性。

思考与练习

9-1　什么是增量编码器？什么是绝对编码器？二者有何不同？

9-2　试述光栅传感器的工作原理。

9-3　试述磁栅的工作原理及特点。

9-4　试述感应同步器的工作原理及特点。

9-5　试述感应同步器的安装步骤。

实训项目十一　感应同步器的安装与调试

1. 试验目的

1）认知感应同步器产品。

2）了解感应同步器的作用与工程应用情况。

3）了解感应同步器的性能指标。

4）掌握感应同步器的安装、调试方法。

2. 试验仪器

感应同步器一套

3. 试验任务

1）读懂感应同步器使用说明书

2）能够正确安装感应同步器

3）能够正确调试感应同步器

4. 试验内容与步骤

1）利用网络查找感应同步器产品型号、规格及使用说明等资料。

2）感应同步器有定尺组件、滑尺组件和防护罩 3 部分组成。定尺和滑尺组件分别由尺身和尺座组成，它们分别装在机床的不动和可动部件上。

3）感应同步器在安装时必须保持两尺平行，两尺平面间的间隙为 0.25mm ±（0.025 ~ 0.1）mm。倾斜度小于 0.5°，装配面波纹度在 0.01mm/250mm 以内。滑尺移动时，晃动的间隙及平行度误差小于 0.1mm。

4）感应同步器大多装在容易被切屑和切削液侵入的地方，必须注意防护，否则会使绕组刮伤或短路，使装置发生误动作及损坏。

5）同步回路中的阻抗和励磁电压不对称及励磁电流失真度超过 2%，将对检测精度产生影响，因此在调整系统时，应加以注意。

6）当在整个测量长度上采用几个 250mm 长的标准定尺时，要注意定尺与定尺之间的绕组连接，当少于 10 根定尺时，将各绕组串联连接；当多于 10 根定尺时，先将各绕组分成两组串联，然后再将此两组并联起来，使定尺绕组阻抗不致太高。为保证各定尺之间的连接精度，可以用示波器调整电气角度的方法，也可用激光的方法来调整安装精度。

7）感应同步器的输出信号较弱且阻抗较低，因此要十分重视信号的传输。首先，要在定尺附近安装前置放大器，使定尺输出信号到前置放大器之间的距离尽可能的短，其次，传输线要采用专用屏蔽电缆，以防止干扰。

5. 试验报告内容与要求

根据实训过程，描述感应同步器安装过程及安装注意事项。

第10章 新型传感器

随着集成光、机、电系统技术的迅速发展，以及光导、光纤、超导、纳米技术、智能材料等新技术的应用，传感器功能得到进一步增强和完善，性能不断提高，更加灵敏可靠，从而更好地实现了信息的采集与传输、处理的集成化和智能化。

10.1 超声波传感器及应用

超声波传感器是应用超声波的特性研制而成的传感器，利用超声波检测技术，将被测量对象的信息，转换成可用输出信号（主要是电信号）。以超声波作为检测手段，在检查过程中必须具备产生超声波和接收超声波的装置，完成这种功能的装置就是超声波传感器，习惯上称为超声换能器或者超声探头。

10.1.1 超声波及其物理性质

1. 超声波　物体机械振动状态的传播形式是波，能为人耳所闻的机械波，称为声波，低于16Hz的机械波，称为次声波。超声波是指振动频率大于20000Hz以上的机械波，其每秒的振动次数很高，超出了人耳听觉的上限，人们将这种听不见的声波叫做超声波，如图10-1所示。

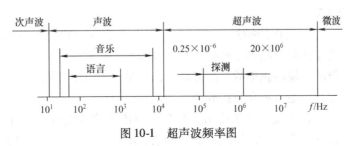

图 10-1　超声波频率图

超声波作为一种在弹性介质中的机械振荡，主要存在两种形式：横向振荡（横波）及纵向振荡（纵波）。其传导介质可以是气体、液体及固体，不同介质中其传播速度是不同的。另外同其他波一样它也有折射和反射、散射现象，而且在传播过程中有衰减，这一点与可听声波的规律并没有本质上的区别。其主要具备的特异性表现在以下几个方面：

（1）传播特性　超声波的衍射本领较差，在均匀介质中它能够定向直线传播，而且波长越短，这一特性就表现得越显著。

（2）功率特性　机械振动在传播过程中要对媒介做功，如当声音在空气中传播时，推动空气中的微粒往复振动而对微粒做功。由于超声波频率很高，所以超声波与一般声波相比，它的功率是非常大的。

（3）空化作用　当超声波在液体中传播时，对媒介做功，使液体微粒剧烈振动，会在液体内部产生小空洞。随着波的传递这些小空洞迅速胀大和闭合，液体微粒之间发生猛烈的撞击作用，液体的温度骤然升高，使两种不相溶的液体（如水和油）发生乳化，并且加快溶质的溶解，加速化学反应。这种由超声波作用在液体中所引起的各种效应称为超声波的空化作用。

2. 超声波的物理特性　超声在密度均匀的介质中传播，不产生反射和散射。当通过声阻抗不同的介质时，在两种介质的交界面上产生反射与折射或散射与绕射。其主要物理特性有：

（1）反射与折射　当超声束所遇界面的直径大于超声波波长（称大界面）时，产生反射与折射。进入第二介质的超声继续往前传播，遇到不同声阻抗的介质时，再产生反射，依次类推，被检测的物体密度越不均匀，界面越多，则产生的反射也越多。

（2）散射与绕射　超声在传播时，遇到与超声波波长近似或小于波长（小界面）的介质时，产生散射与绕射。散射以小介质为中心向四周发散超声，又成为新的声源，绕射是超声绕过障碍物的边缘，继续向前传播。散射回声强度与超声入射角无关。

（3）超声衰减　超声在介质中传播时，随着传播距离的增加，声强逐渐减弱，这种现象称为超声的衰减，衰减系数经常以 dB/cm 或 $10^{-3}dB/mm$ 为单位来表示。这种能量的衰减主要受到了声波在媒介中的扩散、散射和吸收的影响。扩散衰减，即随声波传播距离增加而引起声能的减弱。散射衰减是固体介质中的颗粒界面或流体介质中的悬浮粒子使声波散射。吸收衰减是由介质的导热性、粘滞性及弹性滞后造成的，介质吸收声能并转换为热能。

（4）多普勒效应　声源和接收体作相对运动时，接收体在单位时间内收到的振动次数（频率），除了决定于声源发出者外，还由于接收体向前（后）运动而多（少）接收到（距离/波长个）振动，即收到的频率增加（减少）了。这种由于相对运动导致频率增加或减少的现象称为多普勒效应。

（5）机械效应　超声波在传播过程中，会引起介质质点交替地压缩和扩张，构成了压力的变化，这种压力变化将引起机械效应。超声波引起的介质质点运动，虽然产生的位移和速度不大，但是，与超声振动频率的二次方成正比的质点加速度却很大，有时是重力加速度的数万倍。这样的加速度足以对介质造成强大的机械作用。

（6）空化效应　在流体动力学中指出，存在于液体中的微气泡（空化核）在声场的作用下振动，当声压达到一定值时，气泡将发生膨胀、闭合、振动等一系列动力学过程，此现象称为声空化。这种声空化现象是超声学及其应用的基础。

（7）热效应　其产生有两方面的原因，一是超声波作用于介质时有能量被介质吸收；二是由于超声波的振动，使介质产生强烈的高频振荡，介质间互相摩擦而发热，这种能量会使固体、流体介质温度升高。超声波的热效应在工业、医疗上都得到了广泛应用。

超声波与介质作用除了以上几种效应外，还有声流效应、触发效应和弥散效应等。

3. 超声波的特点

1）超声波在传播时，方向性强，能量易于集中。

2）超声波可在各种不同媒质中传播，传播足够远的距离。

3）超声波与传声媒质的相互作用适中，易于携带有关传声媒质状态的信息（诊断或对传声媒质产生效应）。

10.1.2　超声波探头及耦合技术

1. 超声波探头　超声波探头是利用超声波在超声场中的物理特性和各种效应而研制的转换装置，作为可逆的声电转换元件，起发射和接收高频脉冲弹性波的作用。超声波探头又可称为超声波换能器、探测器或传感器。按其结构可分为直探头、斜探头、双探头和液浸探头。按其工作原理可分为压电式、磁致伸缩式、电磁式等，其中以压电式较为常用。

超声波探头的构成如图 10-2 所示，其主要是由外壳、接线片、吸收块（阻尼块）、压电晶片、保护膜组成。探头的核心是其塑料外套或者金属外套中的一块压电晶片。外壳主要起保护、固定内部原件的作用，阻尼块则起着吸收声能加大阻尼的作用；压电晶片主要实现声电相互转换，接线片则实现晶片和电缆连接。

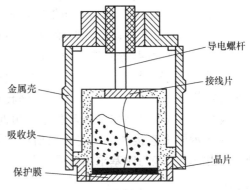

图 10-2　超声探头

2. 压电式超声波探头的耦合技术　压电式超声波探头常用的材料是压电晶体和压电陶瓷，它是利用压电材料的压电效应来工作的，作为发射探头使用逆压电效应将高频电振动转换成高频机械振动，从而产生超声波。而利用正压电效应，将超声振动波转换成电信号，又可用作接收探头。

压电晶片多为圆板形，作为超声波探头的重要组件，既可以发射超声波，也可以接收超声波，其厚度与超声波频率成反比。晶片的两面镀有银层，作导电的极板，其材料主要有压电晶体（电致伸缩）如锆钛酸铅（PZT）等，以及镍铁铝合金（磁致伸缩）两类。阻尼块的作用是降低晶片的机械品质，吸收声能量。当励磁的电脉冲信号停止时，如果没有阻尼块，晶片将会继续振荡，加长超声波的脉冲宽度，使分辨率变差。

超声波传感器如图 10-3 所示，主要的工作原理是利用压电效应的原理将电能和超声波相互转化，即在发射超声波的时候，将电能转换机械震荡发射超声波；在收到回波的时候，则将超声振动转换成电信号。整个检测工作是由超声换能器、处理单元和输出级几个部分协同完成的。换能器由发送器与陶瓷振子组成，换能器的作用是将陶瓷振子的电振动能量转换成超声能量并向空中辐射，而接收传感器由陶瓷振子换能器与放大电路组成，换能器接收波产生机械振动，将其变换成电能量，作为传感器接收器的输出，从而对发送的超声进行检测。控制部分主要对发送器

图 10-3　对射式超声波传感器

发出的脉冲链频率、占空比及稀疏调制、计数及探测距离等进行控制。

10.1.3　超声波传感器的应用

超声波传感器在工业中应用广泛，如超声清洗、超声波焊接、超声波加工（超声钻孔、切削、研磨、抛光，超声波金属拉管、拉丝、轧制等）、超声波处理（搪锡、凝聚、淬火，超声波电镀、净化水质等）、超声波治疗和超声波检测（超声波测厚、检漏，探伤、成像等）等。下面介绍几种超声波传感器的检测应用。

1. **超声波测厚**　将超声波传感器安装在合适的位置，对准被测物变化方向发射超声波，就可测量物体表面与传感器的距离。

其测厚过程为：超声换能器受到处理单元的电压激励，以脉冲形式发出超声波，然后超声换能器转入接受状态，当处理单元接收到的超声波脉冲后，就进行分析，判断收到的信号是不是所发出的超声波的回声。如果是，就测量超声波的行程时间，根据测量的时间换算为行程，即为反射超声波的物体距离。

工作原理如图 10-4 所示。如果超声波在工件中的声速 v 已知，设工件厚度为 s，可用图 10-4 的方法将发射脉冲和反射回波脉冲加至示波器垂直偏转板上。标记发生器输出已知时间间隔的脉冲，也加至示波器垂直偏转板上。线性扫描电压加在水平偏转板上。由此，可以从显示屏上直接观测发射和反射回波脉冲，并由波峰间隔与时基求出时间间隔 t。因此可求出工件厚度为 $s = \dfrac{vt}{2}$。

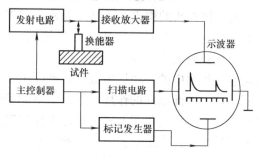

图 10-4　脉冲回波法测厚方框图

超声波测距可适用于高精度的中长距离测量，大致有以下方法：①脉冲电压法：取输出脉冲的平均电压值，该电压（其幅值基本固定）与距离成正比，测量电压即可测得距离；②脉冲回波法：脉冲回波法在超声波测厚中较为常用，通过测量输出脉冲的宽度，即发射超声波与接收超声波的时间间隔 t，来测量被测距离。如果测距精度要求很高，则应通过温度补偿的方法加以校正。

2. **超声流量计**　根据超声波在流体中的传播速度与流体的流动速度有关，可以实现超声流量测量，由于这种方法不会造成压力损失，并且适合非导电性、强腐蚀性的液体或气体的流量测量，所以应用较为广泛。

（1）**时差法**　将两个超声换能器如图 10-5 斜向安装在管道的两侧，安装时要求两换能器轴线重合在一条斜线上，设 L 为两换能器间传播距离；c 为超声波在静止流体中的速度；v 为被测流体的平均流速。当换能器 A 发射、B 接收时声波基本上顺流传播，速度快、时间短，可表示为

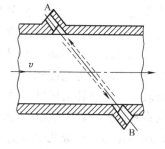

图 10-5　超声流量计
结构示意图

$$t_1 = \frac{L}{c+v} \tag{10-1}$$

B 发射而 A 接收时，逆流传播，速度慢、时间长，即

$$t_2 = \frac{L}{c-v} \tag{10-2}$$

两种方向传播的时间差 Δt 为

$$\Delta t = t_2 - t_1 = \frac{2Lv}{c^2 - v^2} \tag{10-3}$$

因 $v \ll c$，故 v^2 可忽略，故得

$$\Delta t = \frac{2Lv}{c^2} \text{或} \quad v = \frac{c^2 \Delta t}{2L} \tag{10-4}$$

由式（10-4）当流体中的声速 c 为常数时，流体的流速 v 与 Δt 成正比，测出时间差即可求出流速 v 进而得到流量。

需要注意的是，一般液体中的声速往往在 1500m/s 左右，而流体流速只有每秒几米，如要求流速测量的精度达到 1%，则对声速测量的精度需为 105～106 数量级，这是难以做到的。加之声速受温度的影响不容忽略，所以直接利用式（10-4）不易实现流量的精确测量。

（2）速差法　在时差法中将式（10-1）改写为

$$c + v = \frac{L}{t_1} \tag{10-5}$$

同理，式（10-2）也可改写为

$$c - v = \frac{L}{t_2} \tag{10-6}$$

以上两式相减，得

$$2v = \frac{L}{t_1} - \frac{L}{t_2} = L(t_2 - t_1)/t_1 t_2 \tag{10-7}$$

将顺流和逆流的传播时间差 Δt 式（10-3）代入上式得

$$v = \frac{L\Delta t}{2t_1 t_2} = \frac{L\Delta t}{2t_1(t_1 + t_2 - t_1)} = \frac{L\Delta t}{2t_1(\Delta t + t_1)} \tag{10-8}$$

由于（10-8）式中，$L/2$ 为常数，只要测出顺流传播时间 t_1 和时间差 Δt，就能求出 v，进而求得流量，这就避免了测声速 c 的困难。这种方法还不受温度的影响，容易得到可靠的数据。因为式（10-5）和式（10-6）相减即双向声速之差，故称此法为速差法。

（3）频差法　用放大器将超声发射探头和接收探头接成闭环，将接收到的脉冲放大之后去驱动发射探头，从而构成了振荡器，由于振荡频率取决于从发射到接收的时间，即前述的 t_1 或 t_2。如果 A 发射，B 接收，则频率为

$$f_1 = \frac{1}{t_1} = \frac{(c + v)}{L} \tag{10-9}$$

反之，B 发射，A 接收，其频率为

$$f_2 = \frac{1}{t_2} = \frac{(c - v)}{L} \tag{10-10}$$

以上两频率之差为

$$\Delta f = f_1 - f_2 = \frac{2v}{L} \tag{10-11}$$

由式 10-11 可见，频差与速度成正比，式中也不含声速 c，测量结果不受温度影响，这种方法更为简单实用。不过，一般频差 Δf 很小，直接测量不精确，往往采用倍频电路。

（4）多普勒法　多普勒（Doppler）效应测量流量主要应用于工业中非纯净流体检查，若流体中含有悬浮颗粒或气泡，最适于采用此方法，其原理如图 10-6 所示。

将发射探头 A 和接收探头 B 迎着流向，安装在与管道轴线夹角为 θ 的两侧。

设平均流速 v，声波在静止流体中的速度为 c，根据多普勒效应，接收到的超声波频率（靠流体里的悬浮颗粒或气泡反射而来）f_2 将比原发射频率 f_1 略高，其差 Δf 即多普勒频移，可用下式表示

$$\Delta f = f_2 - f_1 = \frac{2v\cos\theta}{c}f_1 \qquad (10\text{-}12)$$

由此可见，在发射频率 f_1 恒定时，频移与流速成正比。如果在超声波探头上设置声楔，使超声波先经过声楔再进入流体，声楔材料中的声速为 c_1，流体中的声速为 c，声波由声楔材料进入流体时的入射角为 β，在流体中的折射角为 φ，如图 10-7 所示。则根据折射定律可以写出

$$\frac{c}{\cos\theta} = \frac{c}{\sin\varphi} = \frac{c_1}{\sin\beta} = \frac{c_1}{\cos\alpha} \qquad (10\text{-}13)$$

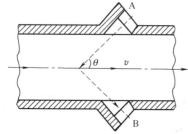

图 10-6 超声多普勒流量计原理图

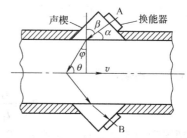

图 10-7 有声楔的超声多普勒流量计原理图

将上述关系代入式（10-12），得

$$\Delta f = f_1 - f_2 = \frac{2v\cos\alpha}{c_1}f_1 \qquad (10\text{-}14)$$

由此可得流速 $v = \dfrac{c_1 \Delta f}{2f_1 \cos\alpha}$，进而求得流量。可见，采用声楔之后，流速 v 中不含流体的声速 c，而只有声楔材料中的声速 c_1，声楔为固体材料，其声速 c_1 受温度影响比液体中声速受温度的影响要小一个数量级，因而可以减小温度引起的测量误差。

对于煤粉和油的混合流体（COM）及煤粉和水的混合流体（CWM），多普勒法有广阔的应用前景。

（5）相关法 超声技术与相关法结合起来也可测流量。这种方法特别适合于气液、液固、气固等两相流甚至多相流的流量测量，它也不需在管道内设置任何阻力体，而且与温度无关。

3. 超声波液位检测与控制 超声波测量液位的基本原理是：由超声探头发出的超声脉冲信号，在气体中传播，遇到空气与液体的界面后被反射，接收到回波信号后计算其超声波往返的传播时间，即可换算出液位高度。如图 10-8 所示。液面位置越高，信号越大；液位越低，则信号就越小。超声波测量方法有很多其他方法不可比拟的优点：属于非接触式测量，不用担心电磁干扰，不怕酸碱等强腐蚀性液体等，因

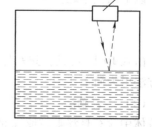

图 10-8 超声波液位检测原理

此性能稳定、可靠性高、寿命长；其响应时间短可以方便地实现无滞后的实时测量。

　　4. 医用超声检测　　超声波在医疗上的应用是通过向体内发射超声波（主要是纵波），然后接收经人体各组织反射回来的超声回波并加以处理和显示，根据超声波在人体不同组织中传播特性的差异（表 10-1）进行诊断。超声波在医学上主要应用与疾病的诊断，其诊断的优点是：对受检者无痛苦、无损害、方法简便、显像清晰、诊断的准确率高等。

表 10-1　诊断超声在人体组织中的声速

组织类型	肺	脂肪	肝	血	肾	肌肉	晶体状（眼）	骨（头颅骨）
声速/ms	600	1460	1555	1560	1565	1600	1620	4080

　　超声波诊断仪类型很多，最常用的有：A 型超声波诊断仪，又称振幅型诊断仪；M 型超声波诊断仪，主要用于运动器官诊断，常用于心脏疾病的诊断，故又称为超声波心动图仪；B 型超声波诊断仪，是辉度调制（Brightness Modulation）式诊断仪，其诊断功能强于 A 型和 M 型，是全世界范围内普遍使用的临床诊断仪。

10.2　集成温度传感器及应用

　　集成温度传感器由于是采用硅半导体集成工艺而制成的，因此亦称硅传感器或单片集成温度传感器。其是利用晶体管 PN 结的电流电压特性与温度的关系，把感温 PN 结及有关电子线路集成在一个小硅片上，构成一个小型化、一体化的专用集成电路片。集成温度传感器具有体积小、反应快、线性好、价格低等优点，但由于 PN 结耐热性能范围的限制，只能用来测 150℃以下的温度。

10.2.1　集成温度传感器的测温原理

　　1. 基本工作原理　　目前在集成温度传感器中，都采用一对非常匹配的差分对管作为温度敏感元件，图 10-9 是集成温度传感器基本原理图。其中 VT_1 和 VT_2 是互相匹配的晶体管，I_1 和 I_2 分别是 VT_1 和 VT_2 管的集电极电流，由恒流源提供。VT_1 和 VT_2 管的两个发射极和基极电压之差 ΔV_{bc} 可用下式表示，即

$$\Delta V_{bc} = \frac{KT}{q}\ln\left(\frac{I_1}{I_2} \cdot r\right) \tag{10-15}$$

式中　K——波尔兹曼常数；

　　　　q——电子电荷量（C）；

　　　　T——绝对温度（T）；

　　　　r——VT_1 和 VT_2 管发射结的面积比。

　　从式（10-15）看出，如果保证 I_1 和 I_2 恒定，则 ΔV_{bc} 就与温度 T 成单值线性函数关系。这就是集成温度传感器的基本工作原理，在此基础上可设计出各种不同电路以及不同输出类型的集成温度传感器。

　　2. 集成温度传感器的信号输出方式　　依信号输出方式可以分为电压输出型集成温度传感和电流输出型集成温度

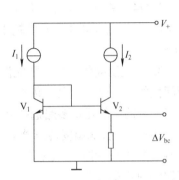

图 10-9　集成温度传感器基本原理

传感器。电流输出型典型的集成温度传感器有美国的 AD 公司的 AD590 和我国的 SG590，其中 AD590 的电源电压为 4～30V，可测温度范围在 -50～150℃。

10.2.2　集成温度传感器的类型

1. 模拟集成温度传感器　模拟集成温度传感器问世于 20 世纪 80 年代，主要包括温控开关、可编程温度控制器，某些增强型集成温度控制器（例如 TC652/653）中还包含了 A/D 转换器以及固化好的程序，这与智能温度传感器有某些相似之处，二者的主要区别是模拟集成温度控制器自成系统，工作时并不受微处理器的控制。其主要特点是功能单一（仅测量温度）、测温误差小、价格低、响应速度快、传输距离远、体积小、微功耗等，适合不需要进行非线性校准远距离测温、控温。目前应用较为普遍，常见模拟集成温度控制器有以下几个类型：

（1）电流输出式集成温度传感器　典型产品有 AD590、AD592、HTS1 和 TMP17，主要特点为输出电流与热力学温度成正比，电流温度系数 K_i 的单位是 μA/K。

（2）电压输出式集成温度传感器　典型产品有 LM334、LM3S 和 LM34A，这种传感器的输出电压与热力学温度（或摄氏温度、华氏温度）成正比，电压温度系数 K_u 的单位是 mV/K。

（3）周期输出式集成温度传感器　典型产品为 MAX6576，其特点是输出方波的周期与热力学温度成正比，周期温度系数 K_t 的单位是 μs/K。

（4）频率输出式集成温度传感器　典型产品有 MAX6577，其特点是输出方波的频率与热力学温度成正比，频率温度系数 K_f 的单位是 Hz/K。

（5）比率输出式集成温度传感器　典型产品有 AD22100 和 AD22103，其特征是传感器的输出电压 U_0 不仅与温度有关，还与电源电压的实际值与标称值的比率 U_S/U_{s0} 成正比。由此可消除因电源电压存在偏差或在工作过程中发生波动而引起的误差。

2. 脉冲型（数字型）集成温度传感器　基于数字总线式的单片集成温度传感器内部包含上万个晶体管，能将测温用的 PN 结传感器、高精度低耗放大器、多位 A/D 转换器、逻辑控制电路、总线接口等诸多处理单元集成在一块芯片上。可通过总线接口，将温度测量值远传给单片机、PC 机、PLC 等上位机。由于采用数字传输，所以不会产生传输误差，抗外界电磁场干扰能力比模拟传输要强得多，代表产品有基于 SPI 总线的集成温度芯片 LM74。

LM74 是美国国家半导体公司（NSC）生产的输出为三线串行接口集成温度传感器，如图 10-10 所示。LM74 芯片的输出数据为 12 位，按理论计算分辨率（按 -55～155℃）可达 0.05℃。

3. 智能温度传感器　智能温度传感器（亦称数字温度传感器）是在 20 世纪 90 年代中期问世的。主要包含温度传感器、A/D 转换器、信号处理器、存储器（或寄存器）和接口电路。有的产品还带多路选择器、中央控制器（CPU）、随机存取存储器（RAM）和只读存储（ROM）。智能温度传感器的特点是能输出温度数据及相关的温度控制量，适配各种微控制器（MCU）；并且它是在硬件的基础上通过软件来实现测试功能的，其智能化程度也取决于软件的开发水平。

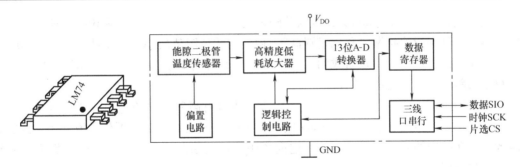

图 10-10 LM74 外形与内部电路

10.3 磁敏传感器

磁敏传感器属于非接触测量，利用电、磁的相互关系，检测位移、振动、力、转速、加速度、流量、电流、电功率等物理量，由于在很多情况下，可采用永久磁铁来产生磁场，不需要另外附加驱动能源，因此这一类传感器获得极为广泛的应用。

10.3.1 磁敏电阻

利用材料的电阻值受磁场的影响而改变的磁阻效应，所制成的元件为磁敏电阻。磁敏电阻根据其制作材料的不同，可分为半导体磁敏电阻和强磁性金属薄膜磁敏电阻。利用磁敏电阻可以制成磁场探测仪、位移和角度检测器、安培计及磁敏交流放大器等。

1. 半导体磁敏电阻 半导体材料的磁阻效应包括物理磁阻效应和几何磁阻效应。物理磁阻效应是指当半导体沿长度方向通电时，在垂直于电流的宽度方向上施加一个磁场，半导体长度方向上就会发生电阻率增大的现象。几何磁阻效应是指半导体材料磁阻效应。如图 10-11 所示的几种形式，这些形状不同的半导体薄片都处在垂直于纸面向外的磁场中，电子运动的轨迹都将向左前方偏移，因此出现图中箭头所示的路径（箭头代表电子运动方向）。

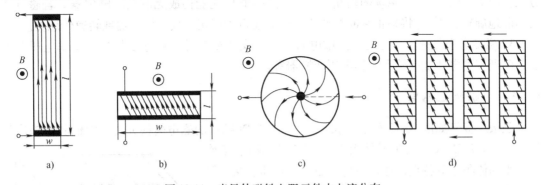

图 10-11 半导体磁敏电阻元件内电流分布

a) 纵长方形片结构 b) 横长方形结构 c) 圆形片结构 d) "弓"字形结构

图 10-11a 所示的纵长方形片中，电子运动路径改变得并不显著，只有两端才是倾斜的，电阻增加得也不多，主要原因是霍尔电场 EH 对电子施加的电场力 f_e 和磁场对电子施加的洛伦兹力 f_l 平衡时，所有电子运动轨迹就不再继续偏移。图 10-11b 所示的横长方形结构中，

由于不能形成较大的霍尔电场 EH，所以其磁阻效应效果比前者显著。图 10-11c 所示的圆形片结构中，这种圆形片叫做"科比诺圆盘"，由于初始电阻值较小，实用性较差。图 10-11d中，用金属导体将横长片串联而成的"弓"字形，由于导体把霍尔电压短路了，电子运动方向总是倾斜的，电阻增加得比较多。

2. 强磁性金属薄膜磁敏电阻　强磁性金属是指具有高磁导率的金属。处于磁场中的强磁性金属，主要产生强制磁阻效应和定向磁阻效应。目前强磁性磁阻器件主要利用它的定向磁阻效应。在一定的磁场强度范围内，定向磁阻效应所引起的电阻变化不受磁场强度的影响，仅仅与磁场方向有关。

强磁性磁敏电阻用真空镀膜技术在玻璃衬底上淀积一层厚度为 $20 \sim 100nm$ 的合金薄膜，再用光刻腐蚀工艺制成图 10-12a 所示的三端元件。AB 间及 BC 间几何尺寸和阻值都一样，但两者的栅条方向成 $90°$。若有磁场强度 H 按图中方向平行纸面作用于该器件，且与 AB 间栅条平行，与 BC 间栅条垂直，则电阻 R_{AB} 最大而 R_{BC} 最小，这时按图 10-12b 接成的分压电路输出电压 U_o 最低；若 H 的方向顺时针或逆时针转过 $\theta = 100°$，则 R_{AB} 最小而 R_{BC} 最大，输出 U_o 将最高。

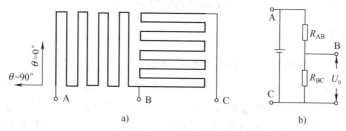

图 10-12　强磁性金属磁敏电阻结构及应用电路
a) 三端元件型　b) 分压电路型

若采用较强的磁场使得 $H_s < H < H_1$，并且令磁场的方向平行于图 10-12 的纸面旋转，则分压输出 U_o 将只取决于磁场的转角 θ，运用这一原理就能构成无滑点的电位器。若磁场连续不断地旋转，则 U_o 将呈正弦曲线变化，于是便可构成正弦信号发生器或转速传感器。

3. 磁敏电阻传感器的应用　磁敏电阻可用于交流变换器、频率变换器、功率电压变换器、磁通密度电压变换器和位移电压变换器等。

10.3.2　磁敏二极管

磁敏二极管如图 10-13 所示是长"基区"的 PN 结型的磁电转换元件，它们具有输出信号大、灵敏度高（比霍尔元件大 2 ~ 3 个数量级）、工作电流小和体积小等特点，比较适合于磁场、转速、探伤等方面的检测和控制。

为避免载流子在基区里复合，普通二极管 PN 结的基区一般很短，而磁敏二极管的 PN 结的基区很长，一般为载流子扩散长度的 5 倍以上，是由接近本征半导体的高阻材料构成的。如果外加正向偏压，即 P 区接正，N 区接负，那么将会有大量空穴从 P 区注入到 I 区，同时也有大

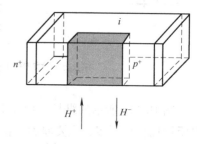

图 10-13　磁敏二极管

量电子从 N 区注入到 I 区，如将这样的磁敏二极管置于磁场中，则注入的电子和空穴都要受到洛伦兹力的作用而向一个方向偏转，当磁场方向使电子和空穴向复合面偏转时，它们将因复合而消失，因而电流很小；当磁场方向使电子和空穴向光滑面偏转时它们的复合率变小，电流就大。由此可见，高复合面与光滑面的复合率差别越大，磁敏二极管的灵敏度也就越高。磁敏二极管在不同的磁场强度和方向下具有不同的伏安特性，利用这些特性曲线就能根据某一偏压下的电流值来确定磁场的大小和方向。

1. 磁敏二极管的主要特性

（1）磁敏二极管的正向伏安特性　磁敏二极管的材料不同，其表现的伏安特性也是不同的，图 10-14a 为锗磁敏二极管的伏安特性。图 10-14b、c 所示为硅磁敏二极管的伏安特性。

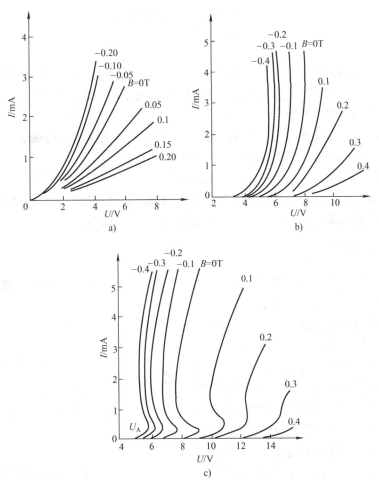

图 10-14　磁敏二极管的伏安特性

a）锗磁敏二极管的伏安特性　b）、c）硅磁敏二极管的伏安特性

（2）磁敏二极管的磁电特性　在给定条件下，磁敏二极管输出电压变化与外加磁场的关系称为磁敏二极管的磁电特性。磁敏二极管通常有单只使用和互补使用两种方式。单只使用时，正向磁灵敏度大于反向磁灵敏度（见图 10-15a）；互补使用时，正、反向磁灵敏度曲

线对称，且在弱磁场（-0.1~0.1T）下有较好的线性（见图10-15b）。

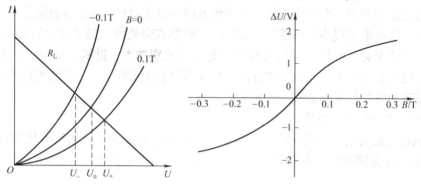

图 10-15　磁敏二极管的磁电特性

a）单只使用　b）互补使用

（3）磁敏二极管的温度特性　磁敏二极管受温度影响较大，对于锗磁敏二极管，在0~40℃温度范围，输出电压的温度系数为 -60mV/℃；对于硅磁敏二极管，在 -20~120℃范围，其输出电压的温度系数为 +10mV/℃，受温度的影响较大。锗磁敏二极管的磁灵敏度温度系数为 -1%/℃，在温度高于60℃时，灵敏度很低，不能应用；硅磁敏二极管的磁灵敏度温度系数为 -0.6%/℃，它在120℃时仍有较大的磁灵敏度。

（4）磁敏二极管的频率特性　磁敏二极管的频率特性由注入载流子在"基区"被复合和保持动态平衡的弛豫时间所决定。因为半导体的弛豫时间很短，所以有较高的响应频率。锗磁敏二极管的磁灵敏度截止频率为2kHz，而硅管可达100kHz。

10.3.3　磁敏晶体管

磁敏晶体管是在磁敏二极管的基础上研制出来的。它的一端为集电极 c 和发射极 e（n⁺区）、另一端 P⁺区为基极 b（见图10-16）。

磁场的作用使集电极的电流增加或减少。它的电流放大倍数虽然小于1，但基极电流和电流放大系数均具有磁灵敏度，因此可以获得远高于磁敏二极管的灵敏度。其原理如图10-16 当磁敏晶体管未受到磁场作用时，在 be 间加一定的偏压后，发射结的载流子分别飞向两个基区。由于基区长度大于载流子有效扩散长度，大部分载流子通过 e—i—b 形成基极电流；少数载流子输入到 c 极。因而形成了共发射

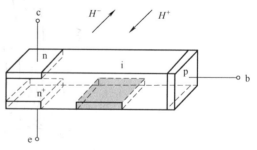

图 10-16　磁敏晶体管

极直流电流增益。当磁敏晶体管处于共发射极偏置时，受到正向磁场 H⁺作用时，由于磁场的洛伦兹力作用，载流子向复合区偏转，导致集电极电流显著下降；同理，加反向磁场 H⁻时，载流子背离高复合区，使集电极电流增加。由此可见即使基极电流 I_b 恒定，外加磁场变化可以改变集电极电流 I_c，利用磁敏晶体管这一特性，可以测量磁场、电流、转速、位移等物理量，尤其适用于某些需要高灵敏度的场合，如微型引信、地震探测等方面。

1. 磁敏晶体管的主要特性

（1）伏安特性　磁敏晶体管的伏安特性与普通晶体管的伏安特性曲线相似。图 10-17a 为不受磁场作用时，磁敏晶体管的伏安特性曲线；图 10-17b 是磁场为 ±0.1T、基极电流为 3mA 时的伏安特性曲线。由该图可知，磁敏晶体管的电流放大倍数小于 1，但其集电极电流有很高的磁灵敏度。

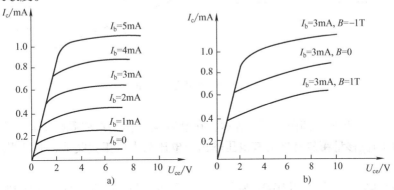

图 10-17　磁敏晶体管的伏安特性曲线

a）不受磁场作用的伏安特性曲线　b）受磁场作用的伏安特性曲线

（2）磁电特性　磁敏晶体管的磁电特性是指在给定条件下，外加磁场与集电极电流的变化关系，通常用磁灵敏度表示。它是磁敏晶体管应用的基础，图 10-18 为国产 NPN 型 3BCM（锗）磁敏晶体管的磁电特性。3CCM 型硅管在 $I_b = 3mA$ 时，线性区为 ±0.2T。

（3）温度特性及其补偿　温度会影响磁敏晶体管的使用，实际使用时必须采用适当的方法进行温度补偿。对于 3ACM、3BCM 等锗磁敏晶体管，其磁灵敏度的温度系数为 0.8%/℃；硅磁敏晶体管（3CCM）磁灵敏度的温度系数为 −0.6%/℃。所以，对于硅磁敏晶体管可用正温度系数的普通晶体管来补偿因温度而产生的集电极电流的漂移。

（4）频率特性　载流子渡越基区的时间决定了长基区磁敏晶体管的截止频率。如 3CCM 型硅磁敏晶体管对可变磁场的响应时间约为 0.4μs，截止频率为 2.5MHz；3BCM 型锗磁敏晶体管对可变磁场的响应时间为 1μs，截止频率为 1MHz 左右。

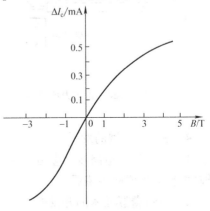

图 10-18　3BCM 的磁电特性

10.3.4　磁敏式传感器的应用

随着我国磁敏传感器技术的发展，其产品种类和质量的不断发展和提高。磁敏传感器已在军事、汽车、民用仪表等领域有了一定的应用。

1. 位移测量　如图 10-19a 所示在两块同级永久磁铁中间放置集成霍尔器，由于磁场的相互排斥，其磁感应强度为零，以此作为位移的零点。当霍尔器件沿 z 轴方向移动了 ΔZ 的距离时，霍尔器件就会输出电压 ΔU，位移和电压特性如图 10-19b 所示。可见只要测出 U_H

值，即可得到位移的数值。

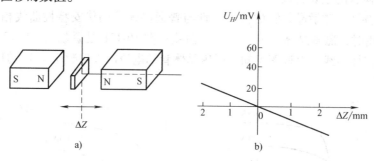

图 10-19　霍尔位移测量

2. 力（压力）测量　如图 10-20 所示，在悬臂梁上作用集中载荷 F 时，梁将发生弯曲变形，由变形的位移量霍尔器件会有电压输出，电压与力成正比关系，通过测试电压即可测出力的大小。

3. 磁敏晶体管电位器　图 10-21 为利用磁敏晶体管制成的电位器。在 0.1T 磁场作用下，改变磁敏晶体管基极电流，该电路的输出电压将在 0.7～15V 之间连续变化，这样就等效于一个无触点电位器，可用于变化频繁、调节迅速、噪声要求低的场合。

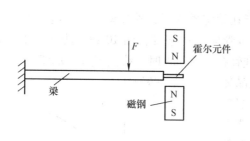

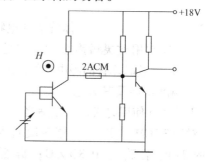

图 10-20　霍尔力传感器　　　　　图 10-21　无触点电位器

4. 磁敏传感器的发展

1）将硅集成电路技术应用于磁敏传感器，已经出现了磁敏电阻电路、巨磁阻电路等多种功能性的集成磁传感器。

2）InSb 薄膜技术的开发成功，使霍尔器件及传感器产量大增，成本大幅度下降。

3）强磁合金薄膜磁敏电阻器利用的是强磁合金薄膜中磁敏电阻各向异性效应。在与薄膜表面平行的磁场作用下以铁镍合金为代表的强磁性合金薄膜的电阻率呈现出 2%～5% 的变化。利用这种效应已制成三端、四端磁阻器件。四端磁阻桥已大量用于磁编码器中，用来检测和控制电机的转速。

4）巨磁电阻多层膜的研究与开发。由不同金属、不同层数和层间材料的不同组合，可以制成不同机制的巨磁电阻磁传感器。它们呈现出随磁场变化的电阻率比单层的各向异性磁敏电阻器要高出几倍，可用于高密度记录磁盘读出头的研制。

5）各种不同成分和比例的非晶合金材料的采用，及其各种处理工艺的引入，给磁敏传感器的研制注入了新的活力，已研制和生产出了双心多谐振荡桥磁传感器、非晶力矩传感器、压力传感器、热磁传感器、非晶大巴克豪森效应磁传感器等。

6) Ⅲ-Ⅴ族半导体异质结构材料的开发应用。例如,在 InP 衬底上用分子束外延技术生长 In0.52Al0.48As/In0.8Ga0.2As,形成异质结构,产生二维电子气 2DEG 层,其层厚是分子级的,这种材料的能带结构发生了改变。用这种材料来制作霍尔器件,其灵敏度高于 InSb 和 GaAs 器件。

10.4 光纤传感器

光纤传感器是 20 世纪 70 年代随着光通技术发展而逐步形成的一门新技术,与传统的传感器技术相比它具有不受电磁干扰、体积小、重量轻、可绕曲、灵敏度高、耐高温、耐腐蚀、电绝缘、防爆性好便于微机连接和遥控,可应用于位移、速度、加速度、转角、压力、温度、液位、流量、水声、浊度、电流、磁场、电压等物理量的测量。同时还能应用于气体(尤其是可燃性气体)浓度等化学量的检测,在生物医学领域中也有广阔的应用前景。

10.4.1 光纤的结构

光纤,是光导纤维的简写,通常光纤的一端为发射装置,主要使用发光二极管(LED)或一束激光将光脉冲传送至光纤,另一端为接收装置,主要使用光敏元件检测脉冲。在日常生活中,由于光在光导纤维的传导损耗比电在电线传导的损耗低得多,所以常被用作长距离的信息传递。

大多数光纤在使用前必须由几层保护结构包覆,包覆后的缆线即被称为光缆,如图 10-22 所示。从结构上看光纤和同轴电缆相似,只是没有网状屏蔽层。中心是光传播的玻璃芯。纤芯通常是由石英玻璃制成的横截面积很小的双层同心圆柱体,它质地脆、易断裂,因此需要外加保护层。纤芯材料的主体是二氧化硅,里面掺极微量的其他材

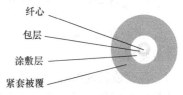

图 10-22 光纤结构

料,例如二氧化锗、五氧化二磷等。光纤外面有包层,包层有一层、二层(内包层、外包层)或多层(称为多层结构),但是总直径在 $100\sim200\mu m$ 上下。包层的材料一般用纯二氧化硅,包层外面还要涂一种涂料,可用硅铜或丙烯酸盐。涂料的作用是保护光纤不受外来的损害,增加光纤的机械强度。光纤的最外层是套层,它是一种塑料管,也是起保护作用的,不同颜色的塑料管还可以用来区别各条光纤。

10.4.2 光纤传感器的原理及分类

光纤传感器就是一种利用光纤反应被测量变化关系的传感器。当光纤受到一点很微小的外力作用时,就会产生微弯曲,而其传光能力则会发生很大的变化。基本工作原理是将来自光源的光经过光纤送入调制器,使待测参数与进入调制区的光相互作用后,导致光的光学性质(如光的强度、波长、频率、相位、偏正态等)发生变化,称为被调制的信号光,再经过光纤送入光探测器,经解调后,获得被测参数。例如,声音是一种机械波,在传播过程中使光纤受力并产生弯曲,利用光纤的弯曲就能够得到声音的强弱。

目前光纤传感器作为一种新型的传感器,可以用来测量多种物理量,比如声场、电场、

压力、温度、角速度、加速度等，特别是在狭小的空间里，在强电磁干扰和高电压的环境里，光纤传感器都显示出了独特的能力。目前光纤传感器已经有 70 多种，大致上分成光纤自身传感器和利用光纤的传感器，即一类是功能型（传感型）传感器；另一类是非功能型（传光型）传感器。

1. 功能型传感器　功能型传感器是利用光纤本身的特性把光纤作为敏感元件，被测量对光纤内传输的光进行调制，使传输的光的强度、相位、频率或偏振态等特性发生变化，再通过对被调制过的信号进行解调，从而得出被测信号。

光纤在其中不仅是导光媒质，而且也是敏感元件，光在光纤内受被测量调制，多采用多模光纤。其优点是结构紧凑、灵敏度高，但须用特殊光纤，成本高，如光纤陀螺、光纤水听器等。

2. 非功能型传感器　非功能型传感器是利用其他敏感元件感受被测量的变化，光纤仅作为信息的传输介质，常采用单模光纤。光纤在其中仅起导光作用，光照在光纤型敏感元件上受被测量调制。优点是无需特殊光纤及其他特殊技术；比较容易实现，成本低，但缺点是灵敏度较低。

能实用化的大都是非功能型的光纤传感器。光纤中传输的相位受外界影响的灵敏度很高，利用干涉技术能够检测出 10^{-4} 弧度的微小相位变化所对应的物理量。利用光纤的绕性和低损耗，能够将很长的光纤盘成直径很小的光纤圈，以增加利用长度，进而能获得更高的灵敏度。

10.4.3　光纤传感器的应用

1. 光纤光栅传感器　光纤光栅传感器是一种波长调制型光纤传感器，其传感过程是通过外界物理参量对光纤布拉格（Bragg）波长的调制来获取传感信息，当其所处环境的温度、应力、应变或其他物理量发生变化时，光栅的周期或纤芯折射率将发生变化，从而使反射光的波长发生变化，通过测量物理量变化前后反射光波长的变化，就可以获得待测物理量的变化情况。

目前已逐步应用于多种物理量的测量，制成了各种传感器，如光纤光栅应变传感器、温度传感器、加速度传感器、位移传感器、加速度计等。

（1）光纤光栅应变传感器　此种传感器是在工程领域中应用最广泛、技术最成熟的光纤传感器。应变直接影响光纤光栅的波长漂移，在工作环境较好或是待测结构要求精度高的情况下，如图 10-23 所示，将裸光纤光栅作为应变传感器直接粘贴在待测结构的表面或者是埋设在结构的内部，当压力发生变化时，光纤的折射率将随着发生变化。由于光纤光栅比较脆弱，

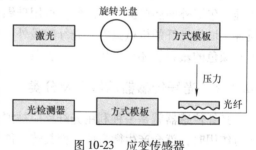

图 10-23　应变传感器

在恶劣工作环境中非常容易破坏，因而需要对其进行封装后才能使用。目前常用的封装方式主要有基片式、管式和基于管式的两端夹持式。

（2）光纤光栅温度传感器　目前，比较常用的电类温度传感器主要是热电偶温度传感器和热敏电阻温度传感器。光纤温度传感与传统的传感器相比有很多优点，如灵敏度高，体

积小，耐腐蚀，抗电磁辐射，光路可弯曲，便于遥测等。基于光纤光栅技术的温度传感器，采用波长编码技术，消除了光源功率波动及系统损耗的影响，适用于长期监测；而且多个光纤光栅组成的温度传感系统，采用一根光缆，可实现准分布式测量。

（3）光纤光栅位移传感器　目前光纤光栅进行位移测量的研究都是通过测量悬臂梁表面的应变，然后通过计算求得悬臂梁垂直变形，即悬臂梁端部垂直位移。这种"位移传感器"不是真正意义上的位移传感器，但在实际工程已取得了应用，国内市场已经有相关产品。

（4）光纤光栅加速度计　图 10-24 所示为加速度传感器，它由两个矩形梁和一个质量块组成，质量块通过点接触焊接在两平行梁中间，光纤光栅贴在第二个矩形梁的下表面。当传感器受到振动时，在惯性力的作用下，质量块带动两个矩形梁振动使其产生应变，传递给光纤

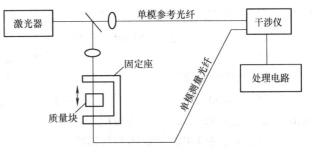

图 10-24　加速度传感器简图

光栅引起波长移动，相位改变的激光束由单模光纤射出后与参考光束会合产生干涉效应。移动的干涉条纹可由光电接收装置转换为电信号，经过处理电路的处理后便可正确地测出加速度值。

2. 光纤温度传感器　光纤温度传感器根据工作原理可分为相位调制型、光强调制型和偏振光型传感器等。图 10-25 所示为光强调制型光纤传感器的结构原理图。它主要由半导体光吸收器、光纤、发射光源和包括光控制器在内的信号处理系统等组成。这种传感器的基本原理是利用了多数半导体的能带随温度的升高而减小的特性，材料的吸收光波长将随温度增加而向长波方向移动，如果适当地选定一种波长在该材料工作范围内的光源，那么就可以使透射过半导体材料的光强随温度而变化，从而达到测量温度的目的。

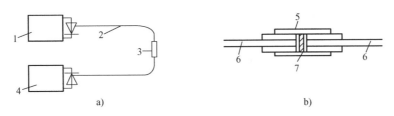

a)　　　　　　　　　　　　　b)

图 10-25　半导体光吸收型光纤温度传感器

1—光源　2—光纤　3—探头　4—光探测器　5—外套管　6—光纤　7—半导体接收元件

3. 光纤旋涡流量传感器　光纤旋涡流量传感器是将一根多模光纤垂直地装入流管，当液体或气体流经与其垂直的光纤时，光纤受到流体涡流的作用而振动，振动的频率与流速有关系，测出频率便可知流速。这种流量传感器结构示意图如图 10-26 所示。

当流体流动受到一个垂直于流动方向的非流线体阻碍时，根据流体力学原理，在某些条件下，在非流线体的下游两侧产生有规则的旋涡，其旋涡的频率 f 近似与流体的流速成正比，即

$$f = \frac{Sv}{d} \tag{10-16}$$

式中　v——流速（m/s）；

　　　d——流体中物体的横向尺寸大小（m）；

　　　S——斯特罗哈数，是一个无量纲的常数，仅与雷诺
　　　　　　数有关。

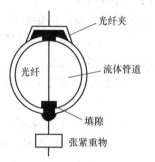

图 10-26　光纤漩涡流量传感器

　　由此可见，流体流速与涡流频率呈线性关系，在多模光纤中，光以多种模式进行传输，在光纤的输出端，各模式的光就形成了干涉花样，这就是光斑。一根没有外界扰动的光纤所产生的干涉图样是稳定的，当光纤受到外界扰动时，干涉图样的明暗相间的斑纹或斑点发生移动。如果外界扰动是由于流体的涡流而引起时，干涉图样的斑纹或斑点就会随着振动的周期变化来回移动，那么测出斑纹或斑点移动，即可获得对应于振动频率 f 的信号，根据式（10-16）推算流体的流速。这种流量传感器可测量液体和气体的流量，因为传感器没有活动部件对流体流动不产生阻碍作用，所以压力损耗非常小。

思考与练习

10-1　简述超声波的物理性质。

10-2　简述超声探头的工作原理。

10-3　简述集成温度传感器的测温原理。

10-4　常见的磁敏传感器有哪些，各有什么特点？

10-5　简述光纤传感器的分类及特点。

第 11 章 传感器信号处理及微机接口技术

被测的各种非电量信号经传感器检测后转变为电信号，但这些信号很微弱，并与输入的被测量之间呈非线性关系，所以需进行信号放大、隔离、滤波、A-D 转换、线性化处理、误差修正等处理。这样，一个非电量信号经过上述环节可转换成单片机（或微机）所能处理的二进制数据。

11.1 传感器信号的预处理

如图 11-1 所示，传感器与微机接口电路主要由信号预处理电路、数据采集系统和计算机接口电路组成。其中，预处理电路把传感器输出的非电压量转换成具有一定幅值的电压量；数据采集系统把模拟电压量转换成数字量；计算机接口电路把 A-D 转换后的数字信号送入计算机，并把计算机发出的控制信号送至输入接口的各功能部件，计算机还可通过其他接口把信息数据送往显示器、控制器、打印机等。由于信号预处理电路随被测量和传感器的不同而不同，因此传感器的信号处理技术则是构成不同系统的关键。

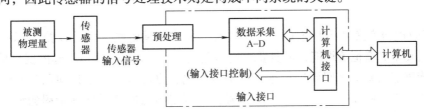

图 11-1　传感器与微机的接口框图

11.1.1 开关式输出信号的预处理

如图 11-2a 所示，在输入传感器的物理量小于某阈值范围内，传感器处于"关"的状态。而当输入量大于该阈值时，传感器处于"开"的状态，这类传感器称为开、关式传感器。实际上，由于输入信号总存在噪声叠加成分，这使得传感器不能在阈值点准确地发生跃变，如图 11-2b 所示。另外，无接触式传感器输出也不是理想的开关特性，而是具有一定的线性过渡。因此，为了消除噪声及改善特性，常接入具有迟滞特性的电路，称为鉴别器或称脉冲整形电路，多使用施密特触发器，如图 11-2c 所示。经处理后的特性如图 11-2d 所示。

11.1.2 模拟连续式输出信号的预处理

模拟连续式传感器的输出参量可以归纳为 5 种形式：电压、电流、电阻、电容和电感。这些参量必须先转换成电压量信号，然后进行放大及带宽处理才能进行 A-D 转换。

1. 电流/电压变换电路（I/U 变换）　I/U 变换器作用是将电流信号变换为标准的电压信号，它不仅要求具有恒压性能，而且要求输出电压随负载电阻变化所引起的变化量不能超过允许值。I/U 转换电路可由运算放大器组成，如图 11-3 所示。电路的输出电压 $U_o = -I_s R_f$。

一般 R_f 比较大，若传感器内部电容量较大时容易振荡，需要消振电容 C_f。C_f 的大小随 R_f 用试验方法确定。因此该电路不适用于高频。当运算放大器直接接到高阻抗的传感器时，需要加保护电路。当信号较大时，可在运算放大器输入端用正、反向并联的二极管保护；当信号较小时，可在运算放大器输入端串联 $100k\Omega$ 的电阻保护。

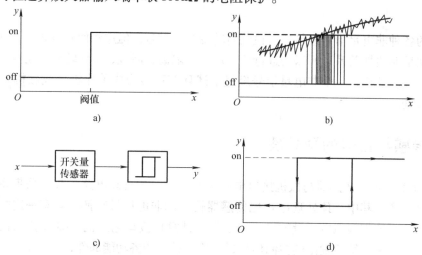

图 11-2　开关量传感器特性示意图
a) 理想特性　b) 实际特性　c) 处理方案　d) 处理后特性

2. 电压/电流变换（U/I 变换）　U/I 变换器的作用是将电压信号变换为标准的电流信号，它不仅要求具有恒流性能，而且要求输出电流随负载电阻变化所引起的变化量不能超过允许值。传感器与微机之间要进行远距离信号传输，更可靠的方法是使用具有恒流输出的 U/I 变换器，产生 $4 \sim 20mA$ 的统一标准信号，即规定传感器从零到满量程的统一输出信号为 $4 \sim 20mA$ 的恒定直流电流，如图 11-4 所示。

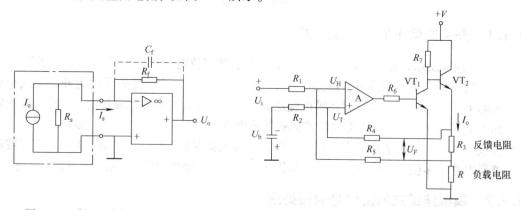

图 11-3　采用运放的 I/U 转换电路　　　图 11-4　$4 \sim 20mA$ 的 U/I 变换电路

11.1.3　模拟频率式输出信号的预处理

模拟频率式输出信号，一种方法是直接通过数字式频率计变为数字信号；另一方法是用频率/电压变换器变为模拟电压信号，再进行 A-D 转换。频率/电压变换器的原理如图 11-5

所示。通常可直接选用 LM2907/LM2917 等单片集成频率/电压变换器。

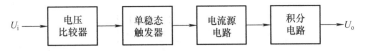

$$U_i \rightarrow \boxed{\begin{array}{c}\text{电压}\\\text{比较器}\end{array}} \rightarrow \boxed{\begin{array}{c}\text{单稳态}\\\text{触发器}\end{array}} \rightarrow \boxed{\begin{array}{c}\text{电流源}\\\text{电路}\end{array}} \rightarrow \boxed{\begin{array}{c}\text{积分}\\\text{电路}\end{array}} \rightarrow U_o$$

图 11-5　频率/电压变换器原理框图

11.1.4　数字式输出信号的预处理

数字式输出信号分为数字脉冲式信号和数字编码式信号。数字脉冲式输出信号可直接将输出脉冲经整形电路后接至数字计数器，得到数字信号。数字编码式输出信号通常采用格雷码而不用 8421 二进制码，以避免在两种码数交界处产生计数错误。因此，需要将格雷码转换成二进制或二十进制码。传感器信号的预处理，应根据传感器输出信号的特点及后续检测电路对信号的要求选择不同的电路。

11.2　传感器信号的放大电路

测量放大器又叫做仪表放大器（简称 IA），广泛应用于信号微弱及存在较大共模干扰的场合，具有精确的增益标定，因此又称为数据放大器。

11.2.1　通用 IA

通用 IA 由 3 个运算放大器 A_1、A_2、A_3 组成，如图 11-6 所示。其中，A_1 和 A_2 组成具有对称结构的差动输入/输出级，差模增益为 $1 + 2R_1/R_G$，而共模增益仅为 1。A_3 将 A_1、A_2 的差动输出信号转换为单端输出信号。A_3 的共模抑制精度取决于 4 个电阻 R 的匹配精度。

通用 IA 的电压放大倍数为

$$A_u = \frac{u_o}{u_{11} - u_{12}} = -\left(1 + \frac{2R_1}{R_G}\right) \qquad (11\text{-}1)$$

11.2.2　增益调控 IA

在多通道数据采集系统中，为了节约费用，多种传感器共用一个 IA。当切换通道时，必须迅速调整 IA 的增益，称为增益调控 IA。在模拟非线性校正中也要使用增益调控 IA。增益调控 IA 分为自动增益 IA 和程控增益 IA 两大类。

自动增益 IA 基本工作过程如图 11-7a 所示。它先对信号作试探放大，将放大信号送至 ADC，使其转换

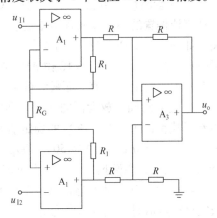

图 11-6　通用 IA 的结构

成数字信号，再经逻辑电路判断，送至译码驱动装置，用以调整 IA 的增益。这种方法工作速度较慢，不适用于高速系统。

程控测量放大器的原理结构如图 11-7b 所示。它是在图 11-7a 的基础上，增加了一些模拟开关和驱动电路。

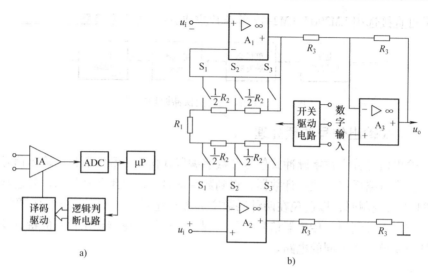

图 11-7 增益调控 IA

a) 自动增益 IA b) 程控 IA

11.2.3 IA 的技术指标

测量放大器最重要的技术指标有：非线性度、偏置漂移、建立时间以及共模抑制比等，这些指标均为放大器增益的函数。

1. 非线性度 定义为放大器输出、输入实际特性曲线与理想特性曲线（直线）的相对偏差。在增益 $G=1$ 时，一个 12 位（bit）系统的非线性度若为 ±0.025%，则在 $G=500$ 时，其非线性度可达 ±0.1%，相当于系统精度降低到 1/10 以下。

2. 偏置漂移 指工作温度变化 1℃ 时，相应的直流偏置变化量。一个放大器的分辨率主要被直流偏置的不可预料性所限制。放大器的偏置漂移一般为 $1\sim50\mu V/℃$，也与增益 G 有关。如一个有 $2\mu V/℃$ 漂移的放大器，当 $G=1000$，$M=10℃$ 时，其输出端将产生 20mV 的偏置电压。这个数字相当于 12 位 ADC 在输入范围为 $0\sim10V$ 时的 8 个 LSB 值。值得注意的是，一般厂家只给出典型值，而最大值可以是典型值的 $3\sim4$ 倍。

3. 建立时间 放大器的建立时间定义为从输入阶跃信号起，到输出电压达到满足给定误差（典型值为 ±0.01%）的稳定值为止所需用的时间。一般 IA 的增益 $G>200$，精度约为 ±0.01%，建立时间约为 $50\sim100\mu s$ 之间，而高增益 IA 在同样精度下的建立时间可达 $350\mu s$。因此，在数据采集系统中决定信号传输能力的往往是 IA 而不是 ADC。

4. 恢复时间 放大器的恢复时间是指从断掉输入 IA 的过载信号起，到 IA 的输出信号恢复至稳定值时（与输入信号相应）的时间。

5. 共模抑制比 IA 的共模抑制比定义为差模电压放大倍数 A_d 与共模电压放大倍数 A_c 比值的对数，即

$$C_{MR} = 20\lg\frac{A_d}{A_c} \tag{11-2}$$

11.2.4 常用集成仪表放大电路

可以用做仪表放大器的集成电路有：集成运算放大器 OP07，斩波自动稳零集成运算放

大器 7650，集成仪表放大器 AD522，集成变送器 WS112、XTR101，TD 系列变压器耦合隔离放大器，ISO100 等光耦合隔离放大器，ISO102 等电容耦合隔离放大器，PG 系列程控放大器、2B30/2B31 电阻信号适配器等。

11.3　传感器与微机的接口技术

11.3.1　数据采集的概念

传感器输出的信号经预处理变为模拟电压信号后，需转换成数字量方能进行数字显示或送入计算机。这种把模拟信号数字化的过程称为数据采集。

1. 数据采集系统的配置　典型的数据采集系统由传感器（T）、放大器（IA），模拟多路开关（MUX）、采样保持器（SHA）、A-D 转换器、计算机（MPS）或数字逻辑电路组成。根据它们在电路中的位置可分为同时采集、高速采集、分时采集和差动结构 4 种配置，如图 11-8 所示。

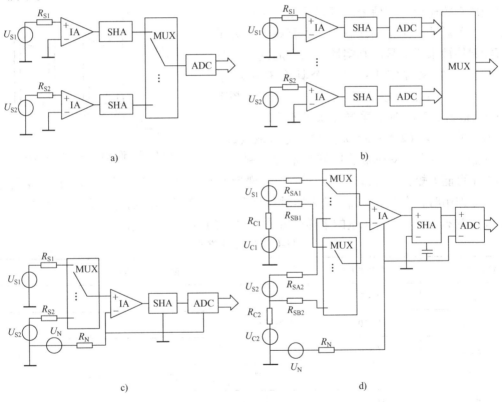

图 11-8　数据采集系统的配置
a）同时采集　b）高速采集　c）分时采集　d）差动结构

1）同时采集系统　图 11-8a 为同时采集系统配置方案，可对各通道传感器输出量进行同时采集和保持，然后分时转换和存储，可保证获得各采样点同一时刻的模拟量。

2）高速采集系统　图 11-8b 为高速采集配置方案，在时实控制中对多个模拟信号的同时实时测量是很有必要的。

3）分时采集系统　图 11-8c 为分时采集方案，这种系统价格便宜，具有通用性，传感器与仪表放大器匹配灵活，有的已实现集成化。在高精度、高分辨率的系统中，可降低 IA 和 ADC 的成本，但对 MUX 的精度要求很高，因为输入的模拟量往往是微伏级的。这种系统每采样一次便进行一次 A-D 转换并送入内存后方可对下一采样点采样。这样，每个采样点值间存在一个时差（几十到几百微秒），使各通道采样值在时轴上产生扭斜现象。输入通道数越多，扭斜现象越严重，不适合采集高速变化的模拟量。

4）差动结构分时采集系统　在各输入信号以一个公共点为参考点时，公共点可能与 IA 和 ADC 的参考点处于不同电位而引入干扰电压 U_N，从而造成测量误差。采用如图 11-8d 所示的差动配置方式可抑制共模干扰，其中 MUX 可采用双输出器件，也可用两个 MUX 并联。图 11-8a、b 所示两种方案的成本较高，但 8~10 位以下的较低精度系统较为节约成本。

采样就是以相等的时间间隔对某个连续时间信号 $a(t)$ 取样，得到对应的离散时间信号的过程，如图 11-9 所示。其中，t_1、t_2…为各采样时刻，d_1、d_2…为各时刻的采样值，两次采样之间的时间间隔称为采样周期 T_s。图中虚线表示再现原来的连续时间信号。可以看出，采样周期越短，误差越小；采样周期越长，失真越大。为了尽可能保持被采样信号的真实性，采样周期不宜过长。根据香农采样定理：对一个具有有限频谱（$\omega_{min} < \omega < \omega_{max}$）的连续信号进行采样，当采样频率的 $\omega_s = 2\pi / T_s \geq 2\omega_{max}$ 时，采样结果可不失真。实用中一般取的 $\omega_s > (2.5~3)\omega_{max}$ 时，也可取（5~10）ω_{max} 时。但由于受机器速度和容量的限制，采

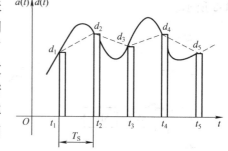

图 11-9　连接时间信号的取样

样周期不可能太短，一般选 T_s 为采样对象纯滞后时间 τ_0 的 1/10 左右，当采样对象的纯滞后起主导作用时，应选 $T_s = \tau_0$，若采样对象具有纯滞后和容量滞后时，应选择 T_s 接近对象的时间常数 τ_0。通常对模拟量的采样可参照表 11-1 的经验数据来选择。

表 11-1　经验数据选择

输入物理量	采样周期 T/s	说　　　明
流量	1~5	一般选用 1~2s
压力	3~10	一般选用 6~8s
液位	6~8	
温度	15~20	串级系统 $T_s = \tau_s$，副环 $T_s = (1/4 - 1/5) \times$ 主环 τ_s
成分	15~20	

2. 量化噪声（量化误差）

模拟信号是连续的，而数字信号是离散的，每个数又是用有限个数码来表示，二者之间不可避免地存在误差，这种误差称为量化噪声。一般 A-D 转换的量化噪声有 1LBS 和 LBS/2 两种。

11. 3. 2　ADC 接口技术

1. A-D 转换器（ADC）的主要技术指标

（1）分辨力　分辨力表示 ADC 对输入量微小变化的敏感度，它等于输出数字量最低位一个字（1LSB）所代表的输入模拟电压值。如输入满量程模拟电压为 U_m 的 N 位 ADC，其分辨率为

$$1LSB = \frac{U_m}{2^N - 1} \approx \frac{U_m}{2^N}$$

ADC 的位数越多，分辨力越高。因此，分辨力也可以用 A-D 转换的位数表示。

（2）精度　精度分为绝对精度和相对精度。绝对精度：它是指输入模拟信号的实际电压值与被转换成数字信号的理论电压值之间的差值。它包括量化误差、线性误差和零位误差。绝对精度常用 LSB 的倍数来表示，常见的有 ±1/2LSB 和 ±1LSB。

相对精度：它是指绝对误差与满刻度值的百分比。由于输入满刻度值可根据需要设定，因此相对误差也常以 LSB 为单位来表示。

可见，精度与分辨率相关，但二者是两个不同的概念。相同位数的 ADC，其精度可能不同。

（3）量程（满刻度范围）　量程是指输入模拟电压的变化范围。例如，某转换器具有 10V 的单极性范围或 −5 ~5V 的双极性范围，则它们的量程都为 10V。

应当指出，满刻度只是个名义值，实际的 A-D、D-A 转换器的最大输出值总是比满刻度值小 $1/2^N$。例如满刻度值 10V 的 12 位 A-D 转换器，其实际的最大输出值为 10 × （1 ~1/ 2^N）V。

（4）线性度误差　理想的转换器特性应该是线性的，即模拟量输入与数字量输出成线性关系。线性度误差是转换器实际的模拟数字转换关系与理想直线不同而出现的误差，通常也用 LSB 的倍数来表示。

（5）转换时间　转换时间指从发出启动转换脉冲开始到输出稳定的二进代码，即完成一次转换所需的最长时间。转换时间与转换器工作原理及其位数有关。同种工作原理的转换器，通常位数越多，其转换时间则越长。对大多数 ADC 来说，转换时间就是转换频率（转换的时钟频率）的倒数。

2. ADC 的选择与使用　按 A-D 转换的原理，ADC 主要分为比较型和积分型两大类。其中，常用的是逐次逼近型、双积分型和 V/F 变换型（电荷平衡式）。逐次逼近 ADC 的特点是转换速度较高（1μs ~1ms），8 ~14 位中等精度，输出为瞬时值，抗干扰能力差；双积分 ADC 测量的是信号平均值，对常态噪声有很强的抑制能力，精度很高，分辨率达 12 ~20 位，价格便宜，但转换速度较慢（4ms ~1s）；V/F 转换器是由积分器、比较器和整形电路构成的 VFC 电路，把模拟电压变换成相应频率的脉冲信号，其频率正比于输入电压值，然后用频率计测量。VFC 能快速响应，抗干扰性能好，能连续转换，适用于输入信号动态范围宽和需要远距离传送的场合，但转换速度慢。

在实际使用中，应根据具体情况选用合适的 ADC 芯片。例如某测温系统的输入范围为 0 ~500℃，要求测温的分辨率为 2.5℃，转换时间在 1ms 之内，则可选用分辨率为 8 位的逐次比较式 ADC0809 芯片，如果要求测温的分辨率为 0.5℃（即满量程的 1/1000），转换时间

为 0.5s，则可选用双积分型 ADC 芯片 14433。

ADC 转换完成后，将发出结束信号，以示主机可以从转换器读取数据。结束信号可以用来向 CPU 发出中断申请，CPU 响应中断后，在中断服务子程序中读取数据，也可用延时等待和查询的方法来确定转换是否结束，以读取数据。

3. A-D 转换器及其与单片机的接口　组成传感器采集接口电路的系统框图如图 11-10 所示。

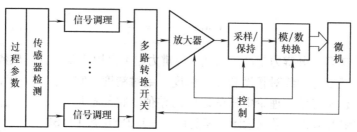

图 11-10　传感器采集接口框图

常用的 A-D 转换器有：ADC0808、ADC0809。

ADC0808/0809 芯片的引脚如图 11-11 所示。它是 8 路输入通道，8 位逐次逼近式 A-D 转换器，可分时转换 8 路模拟信号。$IN_{0\sim7}$ 为 8 路模拟量输入信号端，$D_{0\sim7}$ 为 8 位数字量输出信号端，A、B、C 为通道选择地址信号输入端。

ADC0808/0809 与单片机的硬件连接如图 11-12 所示。

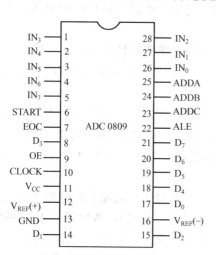

图 11-11　ADC0809 引脚图

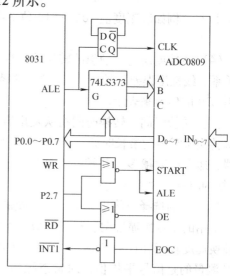

图 11-12　ADC0808/0809 与 8031 的接口连接

8031 的 8 路连续采样程序如下（略去伪指令 ORG 等）：

```
MOVDPTR，#7FF8H；设置外设（A-D）口地址和通道号
MOVR0，#40H　；设置数据指针
MOVIE，#84H　　；允许外部中断 1 中断
SETBIT1　；置边沿触发方式
```

```
MOVX@ DPTR，A        ；启动转换
LOOP：CJNER0，#48，LOOP      ；判断 8 个通道是否完毕
RET    ；返回主程序
AINT：MOVXA，@ DPTR        ；输入数据
MOV@ R0，A
INCDPTR    ；修改指针
INCR0
MOVX@ DPTR，A        ；启动转换
RETI        ；中断返回
```

11.4　抗干扰技术

11.4.1　干扰的来源及形式

1. 外部干扰　从外部侵入检测装置的干扰称为外部干扰。来源于自然界的干扰称为自然干扰；来源于其他电气设备或各种电操作的干扰，称为人为干扰（或工业干扰）。

自然干扰主要来自天空，如雷电、宇宙辐射、太阳黑子活动等，对广播、通信、导航等电子设备影响较大，而对一般工业用电子设备（检测仪表）影响不大。

人为干扰来源于各类电气、电子设备所产生的电磁场和电火花，及其他机械干扰、热干扰、化学干扰等。

电气设备的干扰可分为工频干扰、射频干扰和电子开关通断干扰。工频干扰指大功率输电线，甚至一般室内交流电源线对于输入阻抗高和灵敏度甚高的测量装置来说都是威胁很大的干扰源。在电子设备内部，由于工频感应而产生干扰，如果波形失真，则干扰更大。射频干扰指高频感应加热、高频介质加热、高频焊接等工业电子设备，通过辐射或通过电源线给附近测量装置带来的干扰。电子开关通断干扰指电子开关、电子管、晶闸管等大功率电子开关虽然不产生火花，但因通断速度极快，使电路电流和电压发生急剧的变化，形成冲击脉冲而成为干扰源。在一定的电路参数下它还会产生阻尼振荡，构成高频干扰。

2. 内部干扰

（1）热噪声　它又称为电阻噪声，是由电阻内部载流子的随机热运动产生几乎覆盖整个频谱的噪声电压。散粒噪声：它由电子器件内部载流子的随机热运动产生。

（2）低频噪声　它又称为 $1/f$ 噪声，取决于元器件材料表面的特性。

（3）接触噪声　它也是一种低频噪声。

3. 信噪比（S/N）　在测量过程中，人们不希望有噪声，但是噪声不可能完全排除，也不能用一个确定的时间函数来描述。实践中只要噪声小到不影响检测结果，则是允许存在的。通常用信噪比来表示其对有用信号的影响，而用噪声系数 N_F 表征器件或电路对噪声的品质因数。

信噪比 S/N 是用有用信号功率 P_S 和噪声功率 P_N 或信号电压有效值 U_s 的与噪声电压有效值 U_N 比值的对数单位来表示，即

$$S/N = 101\lg\frac{P_S}{P_N} \tag{11-3}$$

噪声系数 N_F 等于输入信噪比与输出信噪比的比值，即

$$N_F = \frac{P_{Si}P_{Ni}}{P_{So}/P_{No}} = \frac{输入噪声比}{输出噪声比} \tag{11-4}$$

信噪比小，信号与噪声就难以分清，若 $S/N = 1$，就完全分辨不出信号与噪声。信噪比越大，表示噪声对测量结果的影响越小，因此在测量过程中应尽量提高信噪比。

4. 干扰的传输途径

（1）通过"路"的干扰 泄漏电阻：元件支架、探头、接线柱、印制电路以及电容器内部介质或外壳等绝缘不良等都可产生漏电流，引起干扰。

共阻抗耦合干扰：两个以上电路共有一部分阻抗，一个电路的电流流经共阻抗所产生的电压降就成为其他电路的干扰源。在电路中的共阻抗主要有电源内阻（包括引线寄生电感和电阻）和接地线阻抗。

经电源线引入干扰：交流供电线路在现场的分布很自然地构成了吸收各种干扰的网络，而且十分方便地以电路传导的形式传遍各处，通过电源线进入各种电子设备造成干扰。

（2）通过"场"的干扰 通过电场耦合的干扰：电场耦合是由于两支路（或元件）之间存在着寄生电容，使一条支路上的电荷通过寄生电容传送到另一条支路上去，因此又称为电容性耦合。

通过磁场耦合的干扰：当两个电路之间有互感存在时，一个电路中的电流变化就会通过磁场耦合到另一个电路中。例如变压器及线圈的漏磁，两根平行导线间的互感就会产生这样的干扰，因此这种干扰又称互感性干扰。

通过辐射电磁场耦合的干扰：辐射电磁场通常来自大功率高频用电设备、广播发射台、电视发射台等。例如当中波广播发射的垂直极化强度为 100mV/m 时，长度为 10cm 的垂直导体可以产生 5mV 的感应电势。

5. 干扰的作用方式

（1）串模干扰 凡干扰信号和有用信号按电压源的形式串联（或按电流源的形式并联）起来作用在输入端的称为串模干扰，串模干扰又常称为差模干扰，它使测量装置的两个输入端电压发生变化，所以影响很大。其等效电路如图 11-13 所示。

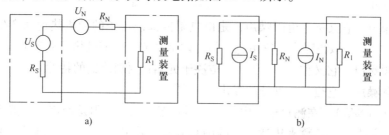

图 11-13　串模干扰等效电路

a）电流源串联形式　b）电流源并联形式

（2）共模干扰 干扰信号使两个输入端的电位相对于某一公共端一起变化（涨落）的属共模干扰，其等效电路如图 11-14 所示。共模干扰本身不会使两输入端电压变化，但在输

入回路两端不对称的条件下，便会转化为串模干扰。因共模电压一般都比较大，所以对测量的影响更为严重。

（3）共模抑制比（CMRR） 共模噪声只有转换成差模噪声才能形成干扰，这种转换是由测量装置的特性决定。因此，常用共模抑制比衡量测量装置抑制共模干扰的能力，定义为

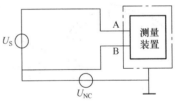

图 11-14 共模干扰等效电路

$$CMRR = 20\lg\left(\frac{A_{cm}}{A_{dm}}\right) 或\ CMRR = 20\lg\left(\frac{U_{cm}}{U_{dm}}\right) \qquad (11-5)$$

11.4.2 干扰的抑制技术

1. 抑制干扰的方法

（1）消除或抑制干扰源 如使产生干扰的电气设备远离检测装置；对继电器、接触器、断路器等采取触点灭弧措施或改用无触点开关；消除电路中的虚焊、假接等。

（2）破坏干扰的途径 提高绝缘性能，采用变压器、光电耦合器隔离以切断"路"径；利用退耦、滤波、选频等电路手段引导干扰信号转移；改变接地形式消除共阻抗耦合干扰途径；对数字信号可采用甄别、限幅、整形等信号处理方法或选通控制方法切断干扰途径。

（3）削弱接收电路 对干扰的敏感性例如电路中的选频措施可以削弱对全频带噪声的敏感性，负反馈可以有效削弱内部噪声源，其他如对信号采用绞线传输或差动输入电路等。常用的抗干扰技术有屏蔽、接地、浮置、滤波、隔离技术等。

2. 屏蔽技术

（1）静电屏蔽 众所周知，在静电场作用下，导体内部各点等电位，即导体内部无电力线。因此，若将金属屏蔽盒接地，则屏蔽盒内的电力线不会传到外部，外部的电力线也不会穿透屏蔽盒进入内部。前者可抑制干扰源，后者可阻截干扰的传输途径。所以静电屏蔽也叫做电场屏蔽，可以抑制电场耦合的干扰。

为了达到较好的静电屏蔽效果，应注意以下几个问题。①选用铜、铝等低电阻金属材料作屏蔽盒。②屏蔽盒要良好地接地。③尽量缩短被屏蔽电路伸出屏蔽盒之外的导线长度。

（2）电磁屏蔽 电磁屏蔽主要是抑制高频电磁场的干扰，屏蔽体采用良导体材料（铜、铝或镀银铜板），利用高频电磁场在屏蔽导体内产生涡流效应，一方面消耗电磁场能量，另一方面涡电流产生反磁场抵消高频干扰磁场，从而达到磁屏蔽的效果。当屏蔽体上必须开孔或开槽时，应注意避免切断涡电流的流通途径。若把屏蔽体接地，则可兼顾静电屏蔽。若要对电磁线圈进行屏蔽，屏蔽罩直径必须大于线圈直径一倍以上，否则将使线圈电感量减小，品质因数 Q 值降低。

（3）磁屏蔽 如图 11-15 所示，对低频磁场的屏蔽，要用高导磁材料，使干扰磁感线在屏蔽体内构成回路，屏蔽体以外的漏磁通很少，从而抑制了低频磁场的干扰作用。为保证屏蔽效果，屏蔽板应有一定的厚度，以免磁饱和或部分磁通穿过屏蔽层而形成漏磁干扰。

（4）驱动屏蔽的概念 驱动屏蔽是基于驱动电缆原理以提高静电屏蔽效果的技术，如图 11-16 所示。图中将被屏蔽导体 B（如电缆芯线）的电位经严格地 1:1 电压跟随器去驱动屏蔽层导体 C（如电缆屏蔽层）的电位，由运放的理想特性，使导体 B、运放输出端和导体 C 的电位相等，B 和 C 间分布电容 C_{2s} 两端等电位，干扰源均不再影响导体 B。驱动屏蔽常

用于减小传输电缆分布电容的影响及改善电路共模抑制比。

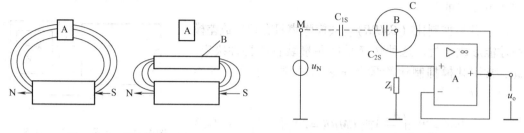

图 11-15　磁屏蔽原理图　　　　　　　图 11-16　驱动屏蔽原理图

3. 接地技术

（1）电气、电子设备中的地线　接地起源于强电技术。为保障安全，将电网零线和设备外壳接大地，称为保安地线。对于以电能作为信号的通信、测量、计算控制等电子技术来说，把电信号的基准电位点称为"地"，它可能与大地是隔绝的，称为信号地线。信号地线分为模拟信号地线和数字信号地线两种。另外从信号特点来看，还有信号地线和负载地线。

（2）一点接地原则

1）机内一点接地　图 11-17 为一点接地的示意图。

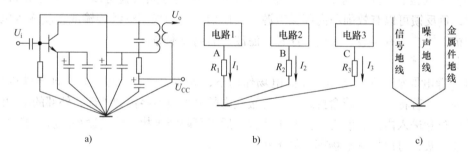

图 11-17　一点接地示意图
a）单级电路一点接地　b）多级电路一点接地　c）整机一点接地

单级电路有输入与输出及电阻、电容、电感等不同电平和性质的信号地线；多级电路中的前级和后级的信号地线；在 A-D、D-A 转换的数模混合电路中的模拟信号地线和数字信号地线；整机中有产生噪声的继电器、电动机等高功率电路和引导或隔离干扰源的屏蔽机构以及机壳、机箱、机架等金属件的地线均应分别一点接地，然后再总的一点接地。

2）系统一点接地　对于一个包括传感器（信号源）和测量装置的检测系统，也应考虑一点接地。如图 11-18a 中采用两点接地，因地电位差产生的共模电压的电流要流经信号零线，转换为差模干扰，会造成严重的影响。图 11-18b 中改为在信号源处一点接地，干扰信号流经屏蔽层而且主要是容性漏电流，影响很小。

3）电缆屏蔽层的一点接地　电缆屏蔽层的一点接地方法如图 11-19 所示。如果测量电路是一点接地，电缆屏蔽层也应一点接地。

①信号源不接地，测量电路接地，电缆屏蔽层应接到测量电路的地端，如图 11-19a 中的 C，其余 A、B、D 接法均不正确。

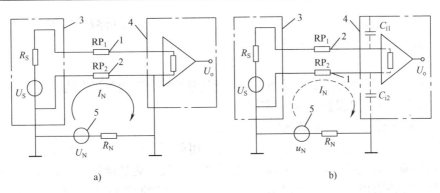

图 11-18　检测系统的一点接地示意图

a) 系统两点接地的干扰　b) 采用一点接地减小干扰

②信号源接地，测量电路不接地，电缆屏蔽层应接到信号源的地端，如图 11-19b 中的 A 所示，其余 B、C、D 接法均不正确。

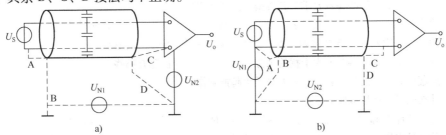

图 11-19　屏蔽层的一点接地示意图

a) 测量电路一点接地　b) 信号源一点接地

4. 浮置技术　如果测量装置电路的公共线不接机壳也不接大地，即与大地之间没有任何导电性的直接联系（仅有寄生电容存在），这种接线法称为浮置。图 11-20 所示为被屏蔽浮置的前置放大器。它有两层屏蔽，内层屏蔽（保护屏蔽）与外层屏蔽。

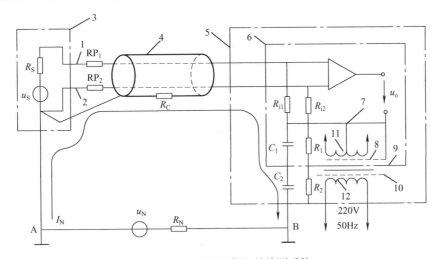

图 11-20　"浮置屏蔽" 的检测系统

屏蔽（机壳）绝缘，通过变压器与外界联系。电源变压器屏蔽的好坏对检测系统抗干扰能力影响很大。在检测装置中，往往采用带有三层静电屏蔽的电源变压器，各层接法如下：

1）一次侧屏蔽层及电源变压器外壳与测量装置的外壳连接并接大地。

2）中间屏蔽层与"保护屏蔽"层连接。

3）二次侧屏蔽层与测量装置的零电位连接。

5. 其他抑制干扰的措施　在仪表中还经常采用调制、解调技术，滤波和隔离（一般用变压器作前隔离，光电耦合器作后隔离）技术抑制干扰，通过调制、选频放大、解调，和滤波，只放大输出有用信号，抑制无用的干扰信号。滤波的类型有低通滤波、高通滤波、带通滤波、带阻滤波等，起选频作用。隔离主要防止后级对前级的干扰。

思考与练习

11-1　处理电路的作用是什么？试简述模拟量连续式传感器的预处理电路基本工作原理。

11-2　仪表放大器有哪些特殊要求？其典型电路如何组成？

11-3　检测系统中常用的 A-D 转换器有哪几种？各有什么特点？分别适用于什么场合？

11-4　测量信号输入 A-D 转换器前是否一定要加采样保持电路？为什么？

11-5　外部干扰源有哪些？人为干扰的来源有哪些？内部干扰源有哪些？

11-6　屏蔽可分为哪几种？它们各对哪些干扰起抑制作用？

11-7　什么叫做一点接地原则？

11-8　通过"路"和"场"的干扰各有哪些？它们是通过什么方式造成干扰的？

11-9　什么是串模干扰和共模干扰？试举例说明。

11-10　什么是浮置技术？试通过实例加以说明。

第 12 章　传感器实用小制作

12.1　电子温度计制作

设计一个恒温热水器：水温下降时可以自动启动加热装置，当加热到需要的温度时停止加热，以保持水温恒定。你会选用什么传感器？传感器选用有什么原则？如何设计电路？

设计要求：

1）用 K 型热电偶制作温度计。

2）要求测量范围为 0～100℃，测量精度为 1℃。

3）用数码管显示测量值。

步骤 1. 设计整体框架图电路（见图 12-1）

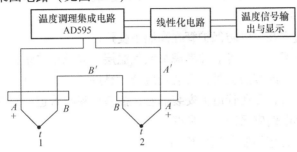

图 12-1　电子温度计设计系统框图

步骤 2. 选择热电偶

热电偶有几十种，选用现有的普通 K 型热电偶（见图 12-2）。

图 12-2　K 型热电偶

步骤 3. 设计温度信号调理集成电路

K 型热电偶的专用集成电路是 AD590。AD590 内部主要由放大电路和基准接点补偿电路组成。图 12-3 展示了其放大电路部分，图中省略了运算放大器调零电路。只要将 AD590 连接到热电偶上就可以进行基准接点的温度补偿和热电动势的放大，但其内部不含有线性化电路，所以在实际操作过程中还要连接一个线性化电路。

步骤4. 组装

按测量电路原理图设计好电路板，将元件安装到 PCB 上，再进行锡焊，做好温度放大测量电路后将热电偶连接进来，并将信号输出线接入液晶电压表。

步骤5. 调试

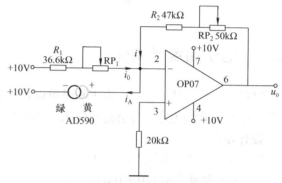

为实现在0℃时放大器输出0V，要求将热电偶置于 0℃ 的环境中，调节 RP₁，使放大器输出电压 u_o 为0V。工程中，这项工作称为零点校准。为实现在100℃时放大器输出5V，要求将传感器置于100℃的环境中，调节运算放大器的反馈电阻 RP₂，使放大器输出电压 u_o 为5V。工程中，这项工程称为满度校准。这些可调元件的参数一经调定就不允许再变动。发现问题要认真查找原因，并加以消除。注意设备使用范围。

图 12-3 AD590 集成电路放大部分

热电偶测温元件的安装注意事项：

1）应尽可能垂直安装，以防保护管在高温下变形。

2）露在设备外的部分应尽量短并考虑加装保温层，以减小热量损失造成的测量误差。

3）安装在负压管道或容器上时，安装处应密封良好。

4）在管道上安装时，要在管道上安装插座，插座材料与管道材料一致。

5）承受压力的热电偶应保证密封良好。

【任务】请选用红外线传感器制作温度检测仪

在温度实际测量中，2000℃以下高温区域一般采用热电偶测量。对于2000℃以上的高温区域，必须采用一种新型的测量方法来实现高温测量。请选用红外线传感器制作温度检测仪，图12-4所示为红外温度检测仪工作原理。

工作要求：能够测量高温区域（2000℃以上）。

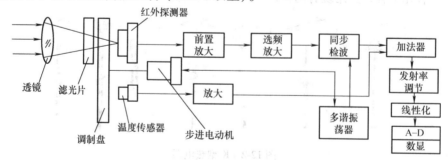

图 12-4　红外温度检测仪工作原理

12.2　电子称的制作

设计制作一个电子秤，你会选用什么传感器？传感器选用有什么原则？如何设计电路？

项目要求：

1）利用电阻应变式传感器制作一个电子称。

2）测量范围为 2kg，其分辨力为 1g。

3）测量精度 0.5% RD ±1 字。

4）利用数码管显示测量值。

步骤 1. 整体设计系统框图（见图 12-5）

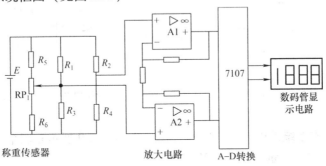

图 12-5　电子秤系统框图

步骤 2. 设计各部分电路

1. 电阻应变式称重传感器　采用 S 形弹性受力体和应变片电桥构成称重传感器。实际中的力传感器用弹性良好的钢材作受力体。用严格的工艺将电阻应变片贴在受力体上，制成弹性受力体电阻应变片式力传感器。传感器受力时，电阻应变片的电阻值的变化量 ΔR 与力 f 引起的长度变化量 ΔL 和横截面积的变化 ΔS 有关。按照传感器的定义，弹性体式敏感元件能直接感受或响应被测力，应变元件是转换元件，将弹性体应变转换成电阻值的变化。

将电阻应变片结成常用的桥式测量电路。桥式测量电路有四个电阻，分别是四个电阻应变片，接成全桥的形式。电桥的一个对角线接入工作电压 E，另一个对角线为输出电压 U_o。其特点是：当四个桥臂电阻达到相应的关系时，电桥是平衡的，输出为零，否则就有电压输出，可利用灵敏检流计来测量，所以电桥能够精确地测量微小的电阻变化（见图 12-6）。

在实际制作过程中我们采用 XYL-1 型称重传感器。XYL-1 型称重传感器是一种"弹性受力体-电阻应变片"式力传感器，它的合金钢弹性体被制成 S 型，关于几何中心的对称性精度很高，具有较好的抗偏载能力。XYL-1 型称重传感器的最大工作电压为 15V。

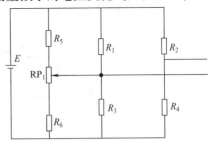

图 12-6　电阻应变式称重
传感器电路图

2. 放大电路　如果用差动原理进行测量，要用差动放大器作电压放大。称重电桥输出的差动信号的调理采用了差动放大器。差动放大器的电路图如图 12-7 所示，只需高精度 LM358 和几只电阻器，即可构成性能优越的仪表用放大器。它广泛应用于工业自动控制、仪器仪表、电气测量等数字采集的系统中。

3. A-D 转换电路　本设计中采用的 A-D 转换器为 7107，它将经放大电路放大后的模拟电压信号转换成数字信号，以便于通过数码管进行显示（见图 12-8）。

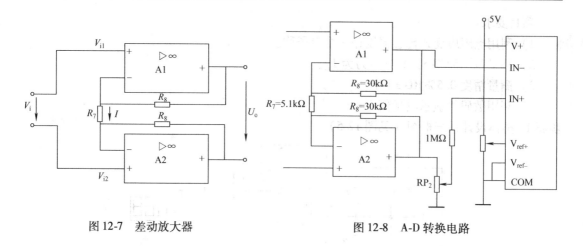

图 12-7　差动放大器　　　　　　　　　图 12-8　A-D 转换电路

4. 显示电路　本系统采用的 3 位半数字电压表，图 12-9 所示是四个七段 LED 数码管与一片 7107 构成的 3 位半、量程为 0 ~ 2V 的简易数字电压表。

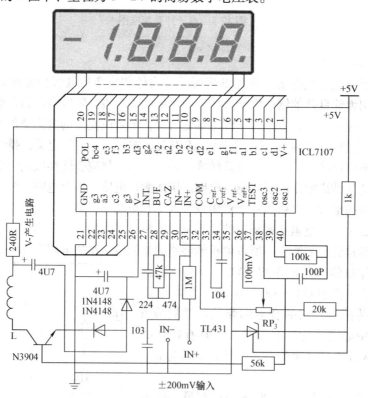

图 12-9　数字电压表电路图

步骤 3. 电路组装

按测量电路原理图设计好电路板，将元件安装到 PCB 板上，再进行锡焊，做好放大测量电路后将 XYL-1 型称重传感器连接进来，并将信号输出线接入数码电压表。

步骤 4. 电路调试

1）首先在秤体自然下垂已无负载时调整 RP_1，使显示器准确显示零。

2）再调整 RP$_2$，使秤体承担满量程重量（本电路选满量程为 2kg）时显示满量程值。

3）然后在秤钩下悬挂 1kg 的标准砝码，观察显示器是否显示 1.000，如有偏差，可调整 RP$_3$ 值，使之准确显示 1.000。

4）重新进行 2、3 步骤，使之均满足要求为止。

5）最后测量 RP$_2$、RP$_3$ 电阻值，并用固定精密电阻予以代替。RP$_1$ 可引出表外调整。测量前先调整 RP$_1$，使显示器回零。

【任务】请选用电感式传感器制作电子称。

12.3　超声波测距仪的制作

超声波传感器就是利用超声波作为信息传递媒介的传感器。所谓超声波，就是超出一般人听觉频率范围以上，即频率超过 16kHz 的声波。超声波测距仪就是以超声波传感器为主要部件的测量系统。

设计要求：

1）利用超声波传感器制作一个测距仪。

2）测量范围为 34cm～10m，测量精度为 1cm，测量误差小于 4cm。

3）利用数码管显示测量值。

步骤 1. 确定系统方案

如图 12-10 所示，系统分为 4 个功能模块：超声波发射电路，超声波接受电路，信号处理电路，数码显示电路。

图 12-10　系统框图

步骤 2. 设计各部分电路

1. 超声波发射电路　如图 12-11 所示，该电路由两块 555 集成电路组成。IC1（555）组成超声波脉冲信号发生器。

图 12-12 是由 IC2 组成的超声波载波信号发生器。由 IC1 输出的脉冲信号控制，输出 1ms 频率 40kHz，占空比 50% 的脉冲，停止 64ms。

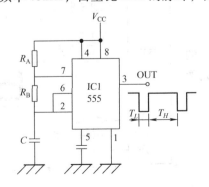

图 12-11　超声波脉冲信号发射电路

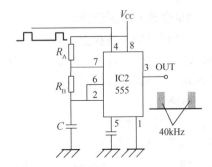

图 12-12　超声波载波信号发射电路

图 12-13 是由 IC3（CD4069）组成的超声波发射头驱动电路。

2. 超声波接收电路　如图 12-14 所示，超声波接收头和 IC4 组成超声波信号的检测和放大。反射回来的超声波信号经 IC4 的两级放大 1000 倍（60dB），第 1 级放大 100 倍（40dB），第 2 级放大 10 倍（20dB）。由于一般的运算放大器需要正、负对称电源，而该装置电源用的是单电源（9V）供电，为保证其可靠工作，这里用 R_{10}（10kΩ）和 R_{11}（10kΩ）进行分压，这时在 IC4 的同相端有 4.5V 的中点电压，这样可以保证放大的交流信号的质量，不至于产生信号失真。

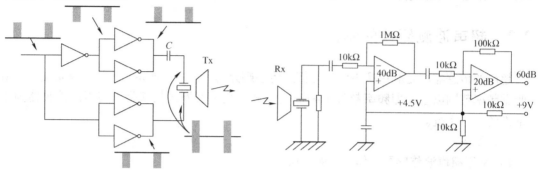

图 12-13　超声波发射头驱动电路 　　　　图 12-14　超声波接收电路

3. 信号处理电路　由倍压检波电路取出反射回来的检测脉冲信号送至 IC5 进行处理（见图 12-15）。由 R_a、R_b、IC5 组成信号比较器，对信号进行处理。

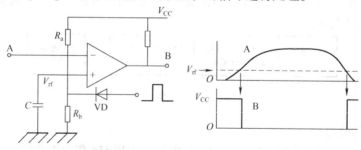

图 12-15　信号处理电路

4. 显示电路　由 IC9（4553）、LED1-LED3、TR1-TR3 组成显示电路（见图 12-16）。

步骤 3. 电路组装

按测量电路原理图设计好电路板，制作印制电路板。将元件安装到印制电路板上，再进行锡焊，这里采用的超声波发射头为 T40-16，接收头为 R40-16，外形如图 12-17 所示，印制电路板见图 12-18。

步骤 4. 电路调试

1）调整发射接收电路。

2）调整误检测电路。

3）调节计数电路脉冲频率，校准测距仪。

4）关于长距离测量。

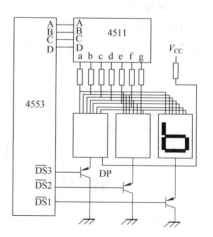

图 12-16　数码显示电路

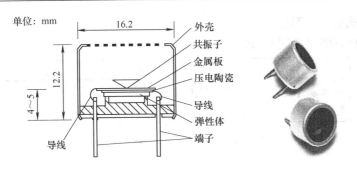

图 12-17　超声波发射头、接收头外形

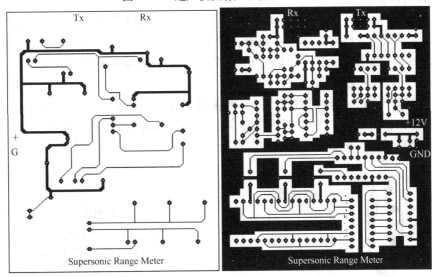

图 12-18　印制电路板

长距离测量由于各种因素的影响会困难一些。测量时有几点我们必须注意：

1）被测目标必须垂直于超声波测距仪。

2）被测目标表面必须平坦。

3）测量时在超声波测距仪周围没有其他可反射超声波的物体。

由于发射功率有限，测距仪无法测量 10m 外的物体。

【任务】请用光电传感器制作一个测距仪。

12.4　转速测量仪的制作

现实生活中，经常需要获取物体运动的速度，比如：检查汽车是否超速，摩托车的速度表，控制系统中电动机的转速等。经常涉及对旋转机械转速进行精确的测量和控制，那我们如何获得测量速度呢？

设计要求：

1）利用光电码盘式转速传感器制作一个转速测量仪。

2）测量范围为 0～3000r/min。

3）利用数码管显示测量值。

步骤1. 设计整体框图（见图12-19）

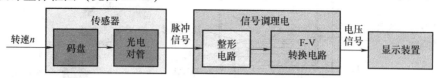

图12-19　码盘式转速测量系统框图

步骤2. 设计各部分电路

1. 传感器设计　"码盘＋光电对管"构成了码盘式转速测量传感器如图12-20所示，将码盘的转速 n 转换为光电对管的脉冲输出，频率为 f；码盘上 $2m$ 条黑白条纹相间，则一转输出 m 个脉冲信号，周期为 T（单位为 s），即频率为 f，则转速 n 为60r/min（特殊：当 m =60时，n 和 f 在数值上相等）。

2. 信号调理电路　光电对管输出的波形并非理想的矩形脉冲信号，可能会引起误码，所以需要整形，整形电路如图12-21所示。调理电路中采用整形电路，将高低电平渐变的脉冲信号转换为高低电平突跳的理想脉冲信号。

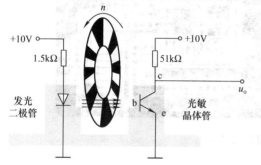

图12-20　码盘-红外光电对管组成的
转速传感器

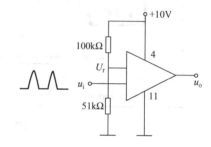

图12-21　运算放大器作比较器用于
脉冲整形

整形电路出来的信号为理想的矩形脉冲信号，经过 F/V 转换电路将脉冲信号转换为电压输出，送给显示装置。频压转换电路如图12-22所示，我们使用2907实现频压转换。

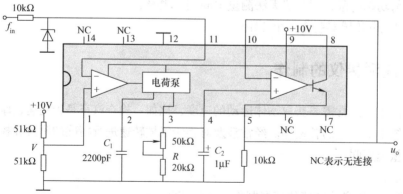

图12-22　2907内部框图及外电路

3. 显示电路　经频压转换出来的电压信号输入到不同数显万用表进行显示，前面我们已介绍，这里不再赘述。

步骤 3. 电路组装

按测量电路原理图设计好电路板，将元件安装到面包板上，我们使用 MOC70T3 型光电对管，使用 F/V 转换器 2907。

步骤 4. 电路调试

1. 光电对管静态特性观察　MOC70T3 型光电对管的工作电压为 +10V。反复地遮挡光电对管，观察光敏晶体管集电极 c 输出端电平变化。

2. 整形电路测试　在面包板上连接整形电路。输入信号为三角波，频率在 1000Hz，峰-峰值为 1V，直流电平从 +1V 到 +5V 连续调节，观察比较器的翻转。

3. 码盘式转速传感器及整形电路的调试　向转速测量装置提供直流电源。将整形前、后的脉冲信号引到示波器的两个通道。摇动手柄，观察整形前后的波形。

4. 2907F/V 转换器静态特性的测试

1）F/V 电路的满度校准　由函数信号发生器给出直流电平为 2.6V、峰-峰值为 5V、频率为 2000Hz 的方波作为校准信号。调节可调电阻 R，使 F/V 电路的输出电压为 2V。

2）F/V 转换关系正程测试　由函数信号发生器给出直流电平为 2.6V、峰-峰值为 5V 的方波，作为被测信号。在 0～2000Hz 范围增高频率，记录正程输出电压值，至少测 10 个点。

3）F/V 转换关系逆程测试　信号的波形参数同上，从 2000Hz 起降低频率，记录逆程的输出电压值，至少测 10 个点。

【任务】请用霍尔传感器制作一个测距仪。

12.5　霍尔开关的制作

项目要求：

1）利用霍尔传感器制作一个开关。

2）利用晶体管开关特性控制。

步骤 1. 设计整体系统框图

霍尔开关集成传感器由霍尔元件、差分放大器、整形电路、输出电路、电源电路等五个部分组成，其功能框图如图 12-23 所示。

步骤 2. 霍尔器件的材料选择

霍尔器件常用锗、硅、砷化镓、砷化铟及锑化铟等半导体材料制作。砷化镓的霍尔系数大，电子迁移率也较高，禁带宽度大，则温度稳定特性好，N 型硅的工作温度范围较宽，一般在 −100～170℃，N 型锗易加工制作，综合性

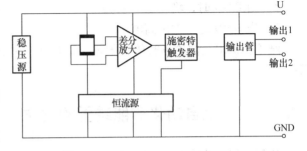

图 12-23　霍尔开关系统框图

能较好；锑化铟和砷化铟的电子迁移率高，霍尔系数小。本设计采用 N 型硅。

步骤 3. 设计系统电路

1）霍尔元件基本测量电路如图 12-24 所示，在 0.1T 磁场作用下，霍尔元件开路时可输出 20mV 左右的霍尔电压，当有负载时输出 10mV 左右的霍尔电压。

2）线性集成霍尔传感器的电路如图 12-25 所示。

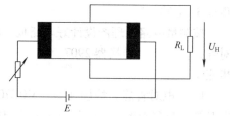

3）输出管：由一个或两个晶体管组成，采用单管或双管集电极开路输出，集电极输出的优点是可以跟很多类型的电路直接连接，使用方便。

4）电源电路：包括稳压电路和恒流电路，设置稳压和恒流电路的目的，一方面是为了改善霍尔传感器的温度性能，另一方面可以大大提高集成霍尔传感器工作电源电压的适用范围。

图 12-24 霍尔元件基本测量电路

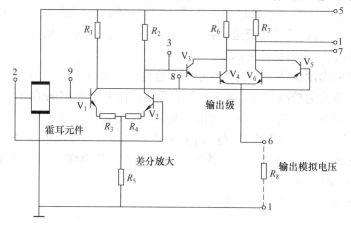

图 12-25 线性集成霍尔传感器电路图

步骤 3. 电路组装

按测量电路原理图设计好电路板，将元件安装到面包板上，我们使用 N 型硅作霍尔元件。

步骤 4. 电路调试

1）当 B =0 时，输出高电平。

2）当 B >0 时，输出低电平。

3）当 B <0 时，输出高电平。

结论：检出正向磁场时传感器输出高电平；检出负向磁场或无磁场时传感器输出低电平。

12.6 热释电自动化节能装置的制作

热释电红外传感器是一种能检测人体发射的红外线而输出电信号的传感器，也称人体运动传感器。目前，广泛应用于防入侵报警器。下面介绍一种用该器件组成的自动化节能装置，供大家参考。

如在大型机场里有很多自动电梯，一天中，早、晚客流量较少时，电梯空转消耗电，若能采用自动化节能装置时，可节省电能。如图 12-26 所示，当无人进入检测区时，电梯不运转；当有人要乘电梯进入检测区时，电梯开动载人上楼；当把人送上楼后，若无人上电梯，则电梯停止运转。在家庭或单位中较暗的客厅、卫生间，白天也要开灯，也可安装自动开灯装置，即有人在时灯亮，人走后灯灭。

设计要求：利用热释电传感器制作一个自动化节能装置。

步骤 1. 设计整体框图

该装置的结构框图如图 12-27 所示，该电路由电源、热释电检测器、电平转换、延时电路及驱动电路等五部分组成。

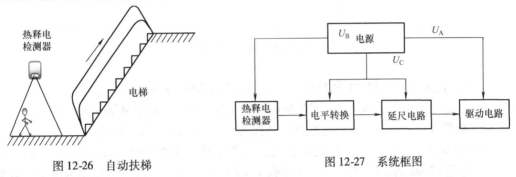

图 12-26　自动扶梯

图 12-27　系统框图

步骤 2. 设计各部分电路

1. 电源电路　如图 12-28 所示，由不稳压的约 12V 输出（U_A）、9V 稳压输出（U_B）及上电延迟（约 2~3min）约 9V 输出（U_C）等三部分组成。U_A、U_B 较简单，这里仅介绍延迟上电电路。因为热释电传感受器在上电后约有 1~2min 的不稳定时间，在不稳定时间里会有较大的信号输出。为防止这种不稳定时间产生的误报警，使报警电路延迟供电，以达到不误报的作用。另外，在开启报警系统后，人员可有一些时间离开检测区。上电后 C_3 经 R_2 充电，电容上的电压渐增。当充电电压大于 VD_5 稳定电压加上 VT_1 的 U_{be} 电压时，VT_1 才导通，即延迟时间取决于 R_2 及 C_3 的值，按图 12-27 所示电路参数延迟时间大于 2min。关掉电源时，电容 C_3 上的电荷经开关 K_1 和 R_1 放电，为下次启动作好准备。

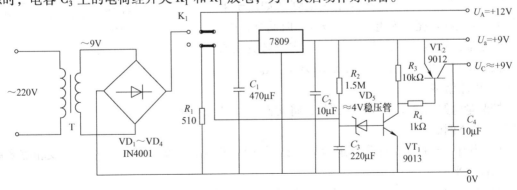

图 12-28　电源电路

2. 电平转换电路　如图 12-29 所示，由 VT_3、VT_4 组成的电平转换电路。因为热释电传感器输出高电平时，最大为 3V，经 VT_3、VT_4 电平转换后，在 R_8 上输出的电平可接近 9V。

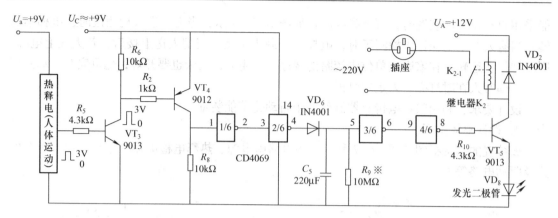

图 12-29　电平转换电路

3. 延迟电路　由图 12-29 中 CD4069 六反相器的 1/6 ~ 4/6 组成延迟电路。当有人在检测区并作一定运动（或活动），则 VT_4 集电极输出高电平，反相器 4 脚也输出高电平。此高电平经二极管 VD_6 向电容 C_5 上快速充电到接近 U_C，则反相器 8 脚也输出高电平。电容器 C_5 上的电荷向 R_9 放电，由于 R_9 阻值较大，放电较慢。按图上的参数（$C_5 = 220\mu F$，$R_9 = 10M\Omega$）约经 12min 后，C_5 上的电压才降到 $U_C/2$ 以下，使反相器 8 脚输出低电平，其波形如图 12-29 所示。

该延迟电路是一种累计型延迟电路，即在延迟过程中如果又有脉冲输入，则延迟时间会增加。例如延迟电路的延迟时间为 10min，若在以后时间内有人在不断运动（或活动），则反相器 1 脚会不断输入脉冲，延迟时间不断延长。

4. 驱动电路　由晶体管 VT_5 及继电器 K_2 组成驱动电路。当 CD4096 的 8 脚输出高电平时，VT_5 导通，继电器 K_2 吸合，VD_8 亮，常开触点 K_{2-1} 闭合，给交流 220V 插座提供了电源。若是插上电灯（如用于半暗厅），则人在灯亮，人走后经一段延迟时间灯自灭。

继电器工作电压为直流 12V，触点容量与负载电流有关，触点工作电压要满足交流 220V 电压。

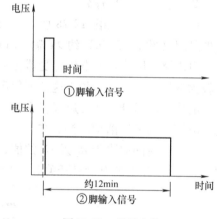

图 12-30　延迟电路

步骤 3. 电路组装

按测量电路原理图设计好电路板，将元件安装到面包板上。

步骤 4. 电路调试

1）当有人在检测区并作一定运动（或活动），反相器 4 脚也输出高电平，反相器 8 脚也输出高电平。

2）改变 R_9、C_5 值，可获得不同的延迟时间，根据要求选择。

参 考 文 献

[1] 宋文绪. 自动检测技术 [M]. 2版. 北京：高等教育出版社，2004.
[2] 强锡富. 传感器 [M]. 北京：机械工业出版社，1998.
[3] 祝诗平. 传感器与检测技术 [M]. 北京：北京大学出版社，2006.
[4] 俞志根. 传感器与检测技术 [M]. 北京：科学出版社，2007.
[5] 宋雪臣. 传感器与检测技术 [M]. 北京：人民邮电出版社，2009.
[6] 李增国. 传感器与检测技术 [M]. 北京：北京航空航天大学出版社，2009.
[7] 金发庆. 传感器技术与应用 [M]. 北京：机械工业出版社，2006.
[8] 王煜东. 传感器及应用 [M]. 北京：机械工业出版社，2006.
[9] 宋文绪. 自动检测技术 [M]. 北京：机械工业出版社，2002.
[10] 孙传友，孙小斌. 感测技术 [M]. 北京：电子工业出版社，2001.
[11] 黄庆彩. 传感器技术与应用 [M]. 长沙：国防科技大学出版社，2009.
[12] 何道清. 传感器与传感器技术 [M]. 2版. 北京：科学出版社，2008.
[13] 张洪润. 传感器技术大全：下册 [M]. 北京：北京航空航天大学出版社，2007.
[14] 施湧潮. 传感器检测技术 [M]. 北京：国防工业出版社，2007.
[15] 沈聿农. 传感器及应用技术 [M]. 2版. 北京：化学工业出版社，2006.
[16] 梁森，王侃夫，黄杭美. 自动检测与转换技术 [M]. 北京：机械工业出版社，2010.
[17] 李新德，毕万新，胡辉. 传感器应用技术 [M]. 大连：大连理工大学出版社，2010.
[18] 李新得，毕万新，胡辉. 传感器应用技术 [M]. 大连：大连理工大学出版社，2010.
[19] 李娟，陈涛. 传感器与测试技术 [M]. 北京：北京航空航天大学出版社，2007.
[20] 童敏明，唐守锋. 检测与转换技术 [M]. 徐州：中国矿业大学出版社，2008.
[21] 吴训一. 自动检测技术 [M]. 北京：机械工业出版社，1981.
[22] 俞志根，李天真，童炳金. 自动检测技术实训教程 [M]. 北京：北京交通大学出版社，2004.
[23] 栗桂凤，周东辉，王光昕. 基于超声波传感器的机器人环境探测系统传感器技术，2005（04）.